食べて、楽しい！
日本料理の食彩細工の技術

食材切雕
创意料理

［日］森胁公代　著　大田忠道　监修
梁　京　译

中国轻工业出版社

前言

日本料理的精髓，并不止于品尝，而是讲究"季初食材""当季食材"和"季末食材"，重视季节性的食材和趣味，在品尝料理的同时品味四季。所谓季节感，并不只是使用应季食材进行烹饪，还要用蔬菜和水果雕刻成当季的花、鸟、虫等装饰物，摆在盘中，或用于点缀，增添料理的色彩和华美，体现季节的风情。

然而遗憾的是，这些雕刻物多数情况下只起到了装饰和点缀的作用，人们似乎更重视雕刻物的视觉效果。对此，日本料理界的领军人物大田忠道认为，料理中的装饰本就是料理的一部分，也应该做得很美味，因此他创造了一个新的概念，称这些雕刻物为"食彩加工"。为此，在大田忠道的监修下，我们创作了这本有关食材雕刻的书。其中的"加工"不仅仅用于观赏，更是可以品尝的。

本书将食材雕刻分为四个范畴，包括用在料理中的、作为器皿的、用于烘托节日气氛的以及重要仪式活动时的食材雕刻，并介绍了相应的料理。另外，书中配以简单明了的彩色照片，按照从易到难的顺序进行了技术说明，让读者能够乐在其中。本书最后还展示了肥皂雕刻的作品。

本书展示了食材雕刻的世界，希望大家喜欢。

森胁公代

协助制作料理
百万一心味　天地之会

鲹泽支部　松井安一	三日支部　大野纪博	宍道湖支部　　下雅则
昼神支部　河田真也	知多美滨支部　境健次	汤田支部　清水孝信
开田支部　藁谷信一	羽岛支部　厂田充	山口支部　娓本刚史
饭田支部　佐佐木敏雄	加贺支部　马道诚	汤村支部　井上明彦
那须支部　木村信彦	爱知支部　古川和之	赤穗支部　川原正己
草津支部　矢野宗幸	神户北支部　池内正浩	姬路支部　米泽信吾
矶部支部　松井安	大阪支部　中村博幸	淡路支部　坂本贞夫
福岛支部　隈本辰利	三朝支部　森枝弘好	南淡路支部　间宫亮太
穴原支部　元宗邦弘	鸟取支部　笛川仁史	西宫支部　柏木直树
岩城支部　西森彻治	有马支部　松本真治	阪神支部　武田利史
月冈支部　山冈孝行	神户支部　渡边佑马	琴平支部　山口和孝
新潟支部　山崎亮	京绫部支部　田中政俊	汤布院支部　山本真也
山代支部　春木崇广	高槻支部　佐藤学	下关支部　楳田浩伺
金泽支部　田中俊行	丹后支部　武本元秀	
美浓支部　三宅辉	京都支部　长田直树	
岐阜支部　渡谷真弘	皆生支部　内海努	

目录

雕刻作品装饰的创意料理 007

煮食

烧烤、油炸食品

蒸食、炒食

醋拌凉菜、沙拉

雕刻作品
装饰的
创意料理

可食用的雕刻作品

前菜·八寸

雕刻作品

- 甘薯草袋
- 南瓜蘑菇
- 芜菁菊花
- 柚子锅
- 黄辣椒银杏叶
- 小鲷鱼麻雀
- 胡萝卜泥红叶

秋八寸

将甘薯过滤后做成草袋，用道明寺粉炸过的牛蒡做成稻穗，展示出寻访山林，遇见秋日果实成熟的景象。用柚子皮作为器皿，盛放拌菜和银杏豆腐，还能散发出香气。

"八寸"是日本怀石料理中由五到七种小菜组成的冷菜拼盘。

材料

● 蟹肉拌水菜

水菜　15g
淡口八方煮汁（比例：汤汁10、淡口酱油0.5、料酒1，少量盐）
凤尾虾　1只
煮过的帝王蟹肉　10g
毛豆　2颗
黄辣椒银杏叶　1个
枸杞子　1颗

● 银杏豆腐

海带汤　80ml
料理酒　10ml
葛粉　10g
盐水煮过的银杏果　50g
煮过的帝王蟹足身　15g
芥末　适量

● 糖水煮甘薯

甘薯　100g
糖水（水、糖配料为2∶1）
栀子果实　适量

● 鲷鱼山芋糕

处理好的鲷鱼身　50g
胡萝卜末　20g
山芋末　5g
八方煮汁（比例：汤10、淡口酱油1、料酒1）
蛋白　3个

● 小鲷鱼制作的雀寿司

处理好的小鲷鱼身　30g
米饭　10g
寿司醋（比例：醋10、糖7、盐2）

● 章鱼拌芋茎

柚子锅　1个
章鱼足　1根
什锦醋（比例：高汤10、醋2、淡口酱油2、料酒1、糖0.9、少量盐、适量鲣鱼花）
青芋茎　1根
什锦汤（比例：高汤13、淡口酱油1、料酒1）
菊花　适量

● 道明寺粉炸牛蒡

牛蒡　30g
蛋白　适量
道明寺粉　适量

● 南瓜八方煮

南瓜蘑菇　2个
八方煮汁（比例：高汤16、料酒1、淡口酱油0.8、少量盐）
芜菁菊花　1个

制作方法

● 蟹肉拌水菜

1. 将水菜放进加了盐的开水中煮至变色，捞出，冷却，控干水分。然后放入淡口八方煮汁中浸泡20~30分钟，控干汁液后，切成适口大小。

2. 凤尾虾剥壳、去头，用料理酒煎过后，竖着切成两半。

3. 煮过的帝王蟹肉撕碎，和水菜拌在一起盛出。摆上用盐水煮过的毛豆和虾，再用黄辣椒银杏叶和枸杞子作装饰。

● 银杏豆腐

1. 混合海带汤汁和料理酒，然后加入溶解、过滤后的葛粉。开大火，用木铲混合搅拌。

2. 葛粉煮沸后立即调成小火，直到熬成透明状。将用盐水煮过的银杏果过滤后加入锅中，再放入适量盐调味，小火煮20分钟。

3. 将步骤2中煮好的材料倒入方盘中，待完全冷却凝固后，切成5cm×3cm的长方形。

4. 盛入盘中，摆上煮过的螃蟹足身，将芥末挤在顶上。

● 糖水煮甘薯：甘薯用水去除涩味，然后和栀子果实一起用糖水煮至变色。过滤后做成草垛状，用刀雕刻出纹路。

● 鲷鱼山芋糕

1. 将处理好的鲷鱼身放在蒜臼里捣碎，再和山芋末、胡萝卜末及八方煮汁混合。

2. 将步骤1中食材揉成适当大小，放入八方煮汁中煮，捞出后控干水分。

3. 切成1cm厚，雕刻成枫叶状。

● 小鲷鱼麻雀

1. 在鱼肉上撒盐，然后冲掉表面的盐，剔除小骨。将鱼背侧和腹侧分开，使用拉切法处理鱼肉（将处理好的鱼肉放在靠近手边的位置，用靠近刀柄的一侧下刀，刀口稍稍上抬，一边拉动刀身一边切下）。

2. 用喷枪将鱼皮烤出焦痕，在鱼身上开两处口，做成麻雀的样子。

3. 将寿司醋的材料混合后煮开，冷却后用做好的米饭制成寿司饭。

4. 将寿司饭和小鲷鱼捏在一起。

● 章鱼拌芋茎

1. 柚子从上部1/4处切开，挖出果肉，在果皮上进行雕刻并做成容器。

2. 将煮过的章鱼足用盐水清洗，然后切碎，用什锦醋腌渍。

3. 青芋茎去皮，放入加了醋的开水中煮至变色，再放入冷水中冷却，然后放入什锦汤汁中腌渍，切成2cm长。

4. 将章鱼和青芋茎放进柚子容器中，顶上摆放菊花。

● 道明寺粉炸牛蒡

1. 将牛蒡的一半细细切开，但不切断，再横向切开口，不切断，放入冷水中静置10分钟，取出后擦干水。

2. 将牛蒡的1/4浸入蛋白中，涂上道明寺粉，然后将整根放在中等温度的油中炸。

3. 将4根道明寺粉炸牛蒡的上部系在一起，挂在用生牛蒡和竹棍做成的稻架上，摆成稻穗的样子。

最后一步

1. 南瓜剥皮，切成1cm厚，做成蘑菇形状，"蘑菇头"的部分保留南瓜皮。下水稍煮，然后放入添加了少量八方煮汁的锅中焖至入味。

2. 芜菁削皮，切成8cm长的筒形，雕刻成菊花形状。

3. 在盘子右后方摆放道明寺粉炸牛蒡，旁边摆上3个甘薯雕刻的草垛。

4. 盘中依次摆入蟹肉拌水菜、银杏豆腐、章鱼拌芋茎、小鲷鱼麻雀、南瓜八方煮，然后在三处不同地方装饰上鲷鱼山芋糕。

|初春八寸|

在白萝卜和胡萝卜的八方煮拱桥间，感受春日河滩的阳光明媚。八方煮是用高汤、酱油、料酒等制作成调味汤（八方煮汁），各种蔬菜都可以在里面煮。

雕刻作品

- 新鲜牛蒡笔头菜
- 白萝卜拱桥
- 胡萝卜樱花
- 白萝卜花瓣
- 蚕豆青蛙

材料

● 蔬菜八方煮

新鲜牛蒡笔头菜　6根
八角芽　3颗
白萝卜拱桥　3个
胡萝卜樱花　5个
八方煮汁（比例：汤汁10、淡口酱油1、料酒1）

● 甜醋腌白萝卜土当归

软化当归　60g
白萝卜做的花瓣　3片
甜醋（比例：水2、醋1、糖1、盐0.1）
梅肉　适量

● 炖荧乌贼

荧乌贼　6只
煮汁（比例：汤汁3、料理酒1、料酒1、浓口酱油）

● 鲷鱼山芋糕

处理好的鲷鱼身　40g
山芋末　10g
八方煮汁（比例：汤汁10、淡口酱油1、料酒1）
青海苔　适量
酱油、料酒、糖　各适量
蚕豆青蛙　2个
黑芝麻　4粒

制作方法

● 蔬菜八方煮

1. 新鲜牛蒡做成笔头菜的形状，在淘米水中稍烫去除涩味，然后用八方煮汁炖。

2. 八角芽剥掉根部的皮，稍煮去涩，然后用八方煮汁炖。

3. 白萝卜切成8mm厚的拱桥形状，然后用樱花模具掏出孔洞。

4. 用同样的模具做出胡萝卜樱花造型，嵌在白萝卜中，下水烫过后，用八方煮汁煮。

● 甜醋腌土当归

1. 当归去皮，斜着切开。白萝卜切成三四毫米厚，用樱花模具做成花瓣造型。

2. 下水烫过后取出冷却，再用甜醋腌至入味。

● 炖荧乌贼：乌贼去除口和眼，放入

煮开的汤汁煮软后取出，去除水分。

● 鲷鱼山芋糕

1. 将处理好的鲷鱼身放进蒜臼里捣碎，与山芋末和八方煮汁混合。

2. 捏成适当大小，放入八方煮汁中煮，取出后控干水分。

3. 将青海苔和酱油、料酒和糖一起煮，将汤汁煮干。

盛盘

1. 将鲷鱼山芋糕摆在盘子两端，盖上煮好的青海苔。

2. 将新鲜牛蒡雕成的笔头菜、甜醋腌土当归插在步骤1的食材上，中间摆上八角芽。

3. 将白萝卜拱桥摆在中间，前面摆上萤乌贼和用盐煮过的蚕豆。将黑芝麻粘在蚕豆上，做成青蛙的样子。

4. 撒上白萝卜花瓣。

螃蟹砧卷

在砧卷上轻轻划出纹路，从上面打开，就变成了美丽的花朵。

雕刻作品

- 胡萝卜枫叶
- 白萝卜枫叶
- 蛇纹黄瓜

材料

白萝卜　30g

甜醋（配料为水2、醋1、糖1、盐0.1）

煮过的螃蟹足身　15g

煎鸡蛋　2个

黄瓜　20g

胡萝卜　150g

用水泡发的明胶　1片

蘘荷　1颗

黄瓜　15g

胡萝卜枫叶、白萝卜枫叶　各2片

萝卜芽　适量

制作方法

① 白萝卜切成6~7cm宽、20cm长的片，浸入一部分甜醋中泡软。螃蟹放入甜醋中腌入味。

② 煎蛋切成与白萝卜同样的宽度，煎蛋放在擦干的白萝卜上。

③ 黄瓜切出与白萝卜同样长度的丝，和腌好的蟹肉一同裹在萝卜片里，从手边开始卷起。

④ 砧卷切成2cm厚，在白萝卜上刻出纹路，从上部打开做成花的造型。

⑤ 胡萝卜去皮，切碎后过滤出汁，加

入溶解的明胶，捞出后放进平底方盘中冷却，凝固后切成1cm见方的小块。

⑥ 蘘荷放进开水中煮，捞出后放在浅盘中冷却，放入剩余甜醋中腌至变红。

⑦ 将黄瓜切成7mm左右的厚片，划出蛇腹状的花纹。胡萝卜去皮，切薄片后做成枫叶造型。

⑧ 将螃蟹砧卷摆在容器中，然后将胡萝卜果冻、蛇腹黄瓜、胡萝卜枫叶、冬瓜枫叶摆在周围。再摆上甜醋腌螃蟹、甜醋腌蘘荷，用萝卜芽做装饰。

银杏豆腐

食材和雕刻作品大小不一，呈现出一盘色彩缤纷的树叶组合。

雕刻作品

- 冬瓜枫叶
- 胡萝卜枫叶
- 红辣椒枫叶
- 黄辣椒银杏叶
- 甘薯银杏叶

材料

海带汤 80ml
料理酒 10ml
葛粉 10g
煮过的银杏果 20g
凤螺 1个
冬瓜青色枫叶 1片
八方煮汁（比例：汤汁16、料酒1、淡口酱油0.8、少量盐）
甘薯银杏 1个
红辣椒枫叶 1片
黄辣椒银杏 1片
八方煮汁（比例：汤汁10、料理酒1、淡口酱油1、少量盐）
荧汁（比例：汤汁12、料理酒2、料酒1、淡口酱油1、少量盐、水溶葛粉适量）
小水萝卜、芥末 各适量

制作方法

① 制作银杏豆腐。海带汤和料理酒混合，与溶解、过滤后的葛粉一同倒入锅中。大火加热，用木铲混合搅拌。开锅后立即转小火，煮至食材透明。用筛网过滤出银杏果，加盐调味，再用小火熬制20分钟。

② 倒入方盘中，待完全冷却凝固后，切成方块，底面为5cm×3cm。

③ 凤螺从壳中取出，去除肝脏和唾液腺。用盐揉搓去除黏液，削成5mm厚片，用料酒煎制。

④ 冬瓜和胡萝卜切成1cm厚片，用模型做成枫叶状。用牛奶或淘米水煮胡萝卜，去除其特有的臭味，然后放进八方煮汁中煮。冬瓜直接用八方煮汁煮至入味。

⑤ 甘薯切成1cm厚片，用模型做成银杏叶，用模型将红辣椒和黄辣椒做成枫叶状，分别用八方煮汁煮。

⑥ 荧汁煮开，倒入水溶性葛粉煮至黏稠。

⑦ 将银杏豆腐、凤螺、冬瓜、胡萝卜摆入盘中，甘薯、红辣椒、黄辣椒和小水萝卜片摆在银杏豆腐上，挤上芥末。

|五月八寸|

用糖水煮甘薯和小芜菁八方煮作为容器，将带叶蔬菜的根部切口处理
平整，就成了漂亮的花朵装饰。

雕刻作品

- 甘薯锅子
- 小芜菁锅子
- 青梗菜玫瑰
- 刻上花纹的小水萝卜

材料

● 甘薯锅

甘薯锅　3个
糖水（水糖比例为2∶1）
栀子果实　适量
红虾　3条
飞鱼子　适量
鱿鱼丝拌海胆（市售）　适量
*松前腌菜（市售）　适量
鸭儿芹蒂　适量
树芽　适量

● 喉黑鱼烧牡蛎

喉黑鱼　1条
长牡蛎　3个

● 竹笋八方煮

竹笋穗　1个
米糠、红辣椒　各适量
八方高汤（比例：高汤12、料酒1、
甜料酒0.5、淡口酱油0.5、少量盐）

● 酒蒸海螺

海螺　1个

● 蛤蜊土佐醋拌大叶玉簪花

蛤蜊　3个
大叶玉簪花　适量
小芜菁锅子　1个
淡口八方高汤（比例：高汤10、
淡口酱油1、甜料酒1、少量盐）
土佐醋（比例：醋1、淡口酱油2、
甜料酒0.3、少量鲣鱼干）
梅子醋腌山药樱花　1个

青梗菜的梗　1根
生姜　1根
三月的花序　1枝
小水萝卜装饰物　2个

制作方法

● 甘薯锅

1. 甘薯去皮，中间挖空做成锅子形状。稍煮去涩，然后和栀子果实一起用糖浆煮至入味。

2. 红虾去壳、去头，用调味料酒煎过后，和飞鱼籽拌匀，放进甘薯锅中，用鸭儿芹蒂做装饰。

3. 鱿鱼丝拌海胆和松前腌菜也放进甘薯锅中。用树芽装饰鱿鱼丝拌海胆，用鸭儿芹蒂装饰松前腌菜。

● 黑喉鱼烧牡蛎：黑喉鱼去内脏，撒上盐，在炭火上翻烤。牡蛎去壳，用喷枪喷烤表面。

● 竹笋八方煮

1. 将竹笋竖着划出切口，和米糠、红辣椒一起煮至水干，去除涩味。

2. 剥皮后切开，倒入八方高汤慢慢炖。

3. 控干水分，用喷枪轻轻炙烤表面。

● 酒蒸海螺：在海螺上撒盐后用酒蒸。取出海螺肉，剔除唾液腺后，放回壳中。

● 蛤蜊土佐醋拌大叶玉簪花

1. 清洗蛤蜊，撒上盐，用料理酒煎一下。

2. 切掉大叶玉簪花的茎和叶，用盐水稍煮后控干水分。

3. 将小芜菁横着切开，掏空下部，做成花形器皿。用淘米水煮至柔软，然后用淡口八方高汤煮至入味。

4. 将大叶玉簪花盛在小芜菁上，上摆蛤蜊，再添上用梅子醋腌好的樱花形状山药。

最后一步

1. 青梗菜去根后，雕成玫瑰状。

2. 将青梗菜放入淡口八方高汤中入味。

3. 在盘子最左边摆放甘薯锅，添上生姜。

4. 中央摆放黑喉鱼、牡蛎、竹笋八方煮、海螺，用花序做装饰。

5. 盘子最右边摆放青梗菜和小芜菁。小芜菁切片作为青梗菜的底座。

6. 添上雕出几何花纹的小水萝卜。

*将干青鱼籽与鱿鱼丝、海带丝和胡萝卜等加入调料腌渍成的食品。

蟹味菇白拌菜

白拌菜中隐隐混着柿子的香气，更显一分秋意。

雕刻作品

- 柿子锅
- 胡萝卜枫叶

材料

柿子锅　1个
蟹味菇　15g
滑菇　15g
八方煮汁（比例：汤汁10、料理酒1、淡口酱油1、少量盐）
生豆腐皮　15g
胡萝卜枫叶　1片
银杏果　1颗
咸鲑鱼子　适量

制作方法

① 柿子去掉蒂和芯。挖出方形口，再用雕刻刀在表面雕出花纹。

② 将蟹味菇和滑菇掰开，分别放进八方煮汁中煮至入味，与用糖、料酒和淡口酱油调好的生豆腐皮拌在一起，做成白拌菜

③ 胡萝卜去皮，切成薄片，做成枫叶状，在八方煮汁中烫一下。

④ 银杏果去壳，剥掉薄膜，放进八方煮汁中煮。

⑤ 将柿子叶铺在盘中，摆上柿子锅，盛入白拌菜，再撒上鲑鱼子。胡萝卜和银杏摆在最上面。

雕刻作品

● 红辣椒树叶

葡萄拌白萝卜泥

水灵灵的新鲜葡萄，搭配用甜醋腌过的辣椒"树叶"。

材料

白萝卜 50g
土佐醋（比例：醋3、汤汁3、料酒1、淡口酱油1、糖0.2，少量盐、适量鲣鱼干）
红辣椒树叶 1片
红、黄辣椒 各10g
甜醋（比例：水2、醋1、糖1、盐0.1）
紫水菜 适量
八方煮汁（配比例：汤汁10、料理酒1、淡口酱油1、盐少量）
葡萄（先锋） 5颗

制作方法

❶ 白萝卜切成泥，添上土佐醋调味。

❷ 用模具制作一片红辣椒树叶，放在甜醋中腌渍。将剩下的红辣椒和黄辣椒一起切碎，下锅煮。

❸ 紫水菜的茎切成4cm长，下锅煮后用八方煮汁腌渍。

❹ 葡萄去皮后掰开。葡萄放在容器中，拌入混有辣椒的白萝卜泥。将紫水菜和用甜醋腌好的红辣椒树叶摆在最上面。

针鱼黄莺

将针鱼的头朝上，摆成可爱的黄莺造型，放在冬瓜作的容器中。旁边搭配同样属于葫芦科的黄瓜做成容器，更显统一感。

材料

针鱼 1条
冬瓜器皿 1个
黄瓜芥末罐 1个
白萝卜 适量
海胆 适量
青紫苏叶、螺旋状的胡萝卜、螺旋状的小水萝卜、芽紫苏、芥末 各适量

制作方法

❶ 将针鱼纵切成3片，保留脊骨和头尾相连，将鱼骨剔出，切成条。

❷ 冬瓜挖空，做成容器，表面刻上花纹。

❸ 将冬瓜摆在盘中，上面铺满青紫苏叶。将针鱼骨枕在白萝卜上。

❹ 将刺身摆在青紫苏叶上，用螺旋状的胡萝卜和小水萝卜做装饰。

❺ 黄瓜切成5cm长，切口处雕出花瓣形，然后分别摆上海胆、芽紫苏和芥末。

雕刻作品

● 黄瓜门松
● 南瓜乌龟
● 小容器

材料

伊势虾 1条
鲷鱼身 70g
青紫苏叶 适量
南瓜乌龟 1个
黑芝麻 适量
甘薯锅 2个
辣椒玉味噌（赤玉味噌10g、白玉
味噌60g、煮挥发的料酒25ml、
料理酒15ml、糖20~30g、烤洋
葱100g）
螺旋状的胡萝卜、螺旋状的黄
瓜、小水萝卜、芽紫苏 各适量

伊势虾刺身和鲷鱼刺身

可以蘸酱吃的黄瓜雕刻的门松，可以作为蘸酱吃的小菜，加上长寿龟
造型的作料钵盖，让人宛如走进绚烂夺目的龙宫。

制作方法

① 伊势虾去头、剥壳，切成较大的厚
块。保留完整虾壳。

② 鲷鱼切成3片，在鱼皮上撒盐，用开
水烫过后再放入冷水中。

③ 将黄瓜雕刻成日本门松的形状，在
其中盛入少量的辣椒和玉味噌。

④ 将伊势虾壳摆入盛满冰的容器中，

上铺青紫苏叶，摆上虾肉。用螺旋状的
胡萝卜和黄瓜以及小水萝卜切片装饰。

⑤ 竹筒切半，摆在手边，码上鲷鱼。

⑥ 在南瓜中盛入作料，然后盖上做成
乌龟形状的南瓜，粘上黑芝麻，做成乌
龟的眼睛。

⑦ 芽紫苏盛入甘薯锅，摆入盘中。

雕刻作品

- 南瓜花篮
- 螺旋状的胡萝卜
- 螺旋状的黄瓜

初夏刺身拼盘

用南瓜做成有个性的篮子，盛入颜色鲜艳的凤尾虾和紫苏花穗，再安上把手，做成花篮。

材料

凤尾虾　2条
海鳗身　适量
鲍鱼　1个
蝾螺　1个
南瓜篮子　1个
青紫苏、红芜菁、蘘荷、白萝卜丝、螺旋状的胡萝卜、螺旋状的黄瓜、芽紫苏、紫苏花穗、芥末　各适量

制作方法

❶ 凤尾虾去头、剥壳，留下虾尾。在虾背划开，去除虾肠。虾尾用开水稍烫，变色后将整只虾放进开水中烫，然后放入冰水中冷却，取出后控干水分。虾头用水煮透。

❷ 海鳗留下一片鱼皮，斩断鱼骨，切成3cm长。放入开水中，鱼身裂开后取出，放入冰水中冷却，控干水分。

❸ 在鲍鱼上撒粗盐，用刷子刷表面，再用水清洗。剥出鲍鱼肉，注意不要弄破肠子。从边缘切除嘴部和周围较硬的部分。纵向划几刀，然后横向切片。

❹ 将蝾螺连同肠子一齐从壳中取出，剥去肠子。用盐揉搓，再用水清洗，控干水分，将壳清洗干净。剔除沙袋，削成片。

❺ 将南瓜雕刻带把手的花篮，摆在铺满冰的容器中。然后摆上凤尾虾头和虾身，再添上紫苏花穗，摆在大盘手边。

❻ 在蝾螺壳中塞满白萝卜丝，上摆蝾螺刺身，放入大盘中，添上黄瓜片。

❼ 在小盘中铺满青紫苏叶子，摆上海鳗，放入大盘，添上紫苏花穗。

❽ 大盘中间铺上青紫苏叶，上盛鲍鱼刺身，再放入红芜菁、蘘荷、芽紫苏和芥末。撒上螺旋状的胡萝卜和黄瓜。

● 西红柿山茶花
● 小水萝卜切雕
● 胡萝卜花朵

鲷鱼、三文鱼、凤尾虾刺身

刺身和西红柿制作的花朵拼盘，用干冰装饰，是一份别出心裁的作品。

材料

处理好的三文鱼身　30g
处理好的鲷鱼身　30g
凤尾虾　1尾
栗子　3个
糖水（水糖比例为2：1）
栀子果实　适量
柚子调料汁（比例：柚子果汁1、
浓口酱油0.8、料酒0.1、蒸馏酒
0.1。适量海带、适量鲣鱼干）
用水泡发的明胶片　200ml柚子调
料汁中放1片
西红柿山茶花　3个
小水萝卜装饰物　2个
胡萝卜花朵　2个
菜花、西蓝花、海藻面　各适量

制作方法

❶ 栗子在水中泡一夜，剥皮后和栀子
果实一起用糖水煮。

❷ 向柚子调料汁中加入融化的明胶，
混合后倒入方盘，放进冰箱冷却凝固。

❸ 西红柿去瓤，完整削皮，削好的皮
从上部展开，做成山茶花的造型。

❹ 用木工刀将带叶子的小水萝卜雕刻
出几何图案。

❺ 胡萝卜去皮，切成直径1cm的圆
片，做成花瓣，放进热淘米水中稍烫。

❻ 菜花和西蓝花掰开，用热水稍烫。

❼ 凤尾虾去除虾肠，剥壳，留下头
尾。先将头尾放进开水中煮至变色，
然后再将虾身放入开水中煮，取出后
放进冰水中，冷却后控干水分。

❽ 三文鱼和鲷鱼分别削成片，小心卷
起后展开上部，做成玫瑰造型。

❾ 在容器底部铺满干冰，边缘铺满冰
块，周围摆上刺身和蔬菜。在西红柿
中心摆上糖水煮栗子，最后添上海藻
面和1cm见方的柚子果冻。

焯海鳗和柚子醋泡菜

在色彩鲜艳的小水萝卜上雕出简单的花纹，立刻就成为可以搭配任何料理的小球形装饰。

材料

红辣椒、黄辣椒　各少量
菜花　10g
蘘荷　1颗
甜醋（比例：水1、醋1、糖1、盐0.1）
迷你西红柿　1个

小水萝卜装饰物　2个
处理好的鳗鱼身　30g
柚子醋（比例：橘子醋1、浓口酱油0.8、淡口酱油0.2、蒸馏酒1、蒸馏料酒0.5，适量海带、适量鲣鱼干）
莴苣、梅肉　各适量

制作方法

❶ 红辣椒和黄辣椒切片，用甜醋腌渍。

❷ 菜花掰开，下水煮后放进筛筐中，撒上盐冷却，再放进甜醋中腌渍。

❸ 蘘荷放进开水中烫，放进筛筐中，撒上盐冷却，再放进甜醋中腌至变红。

❹ 焯过的迷你西红柿剥皮，不要全部剥下，西红柿皮上翻，划出5mm左右的切口，竖着调整形状。

❺ 用木雕刀将小水萝卜雕出几何图案。

❻ 鳗鱼留下一片鱼皮，斩断骨头，切成3cm左右的段，放进开水中烫裂开，取出后控干水分。将其中一半放进柚子醋中腌入味。

❼ 在玻璃容器中铺满冰，摆上莴苣，将没有用醋腌的半份鳗鱼摆在上面，再添上梅肉。

❽ 将醋腌过的鳗鱼段摆入盘中，然后摆入小水萝卜、迷你西红柿、甜醋腌辣椒、甜醋腌菜花、柚子醋腌海鳗和甜醋腌蘘荷。

雕刻作品

● 甘薯玫瑰

鲷鱼白汁红肉

在玫瑰状的糖水煮甘薯上部烤出淡淡的焦痕，呈现出不一样的质感。

材料

处理好的鲷鱼身　80g
凤尾虾　1尾
甘薯玫瑰　1个
糖水（水糖比例为2：1）
柚子醋（配料为橘子醋1、浓口酱油
0.8、淡口酱油0.2、蒸馏酒1、蒸
馏料酒0.5、适量海带、适量鲣鱼干）

用水泡发的明胶片　每160ml柚子醋
中5g
红辣椒、黄辣椒　各10g
菊花　适量
甜醋（比例：醋1、糖1、少量盐）
菜花　10g

制作方法

① 鲷鱼切成薄片，用火烘烤表面。

② 剔除凤尾虾肠，放在加入少量盐的开水中焯一下。去除尾部和虾壳，将头和身切开，完整地剥下虾壳。

③ 甘薯去皮后雕刻成玫瑰状。水煮后放在糖水中浸泡，取出后用喷枪烘烤表面。

④ 将柚子醋的材料混合，加入泡发的明胶片，冷却凝固，做成柚子醋果冻。

⑤ 将两种颜色的辣椒切成5mm见方的小丁，和柚子醋果冻放在一起拌匀。

⑥ 菊花放进加了醋的开水中煮稍煮，然后放进甜醋中腌渍。

⑦ 菜花掰开，用盐水稍煮。

⑧ 鲷鱼片摆入盘中，然后将凤尾虾摆在盘子正中间，再摆入糖水煮甘薯、菜花和控干水分的菊花，倒入辣椒柚子醋果冻。

雕刻作品

- 南瓜向日葵
- 南瓜树叶
- 白萝卜"井"字框
- 辣萝卜菖蒲
- 胡萝卜波斯菊

材料

和牛筋　50g
煮汁（汤汁80、浓口酱油5、料酒5、糖1）
生姜　适量
鸡肉碎　50g
鸡蛋　1个
凤尾虾　100g
南瓜向日葵　1个
南瓜树叶　1个
白萝卜井字框　1个
白萝卜菖蒲　2个
胡萝卜波斯菊　2个
芋头　2个
青梗菜　1棵
红魔芋　50g
松茸　5颗
牛蒡　50g
锅底（比例：汤汁20、料理酒1、料酒1、淡口酱油0.7、盐适量）

花式关东煮

原本朴实无华的关东煮，在食材的形状上稍下些功夫，立刻就变得光鲜亮丽。

制作方法

❶ 制作煮和牛。向平底锅中倒油，放入牛肉煎烤至表面变色。将煮汁和切丝的生姜倒入锅中烧开，小火慢炖。

❷ 拌匀鸡肉碎和半个鸡蛋，做成鸡肉丸。拍碎虾肉，和另外半个蛋黄拌匀，做成虾肉丸。

❸ 南瓜去蒂，雕刻出向日葵造型。剩下的部分切成1cm厚，做成树叶形状。

❹ 将白萝卜做成井字框造型和菖蒲造型；胡萝卜切成1cm厚，做成波斯菊造型，用刀雕出花瓣，分别用淘米水煮。

❺ 芋头用水焯过后，倒掉水，剥皮。青梗菜切成适口大小。

❻ 将所有准备好的食材全放进锅底中煮入味。

雕刻作品

- 南瓜向日葵
- 胡萝卜玉米
- 白萝卜和心里美萝卜八仙花
- 紫萝卜牵牛花

材料

处理好的鲈鱼身　50g

南瓜向日葵　1个

八方煮汁（比例：汤汁16、料酒
1、淡口酱油0.8、少量盐）

胡萝卜玉米　1个

白萝卜、心里美萝卜八仙花　各
2个

白八方煮汁（比例：汤汁10、料
酒1、料理酒1、糖0.2、少量盐）

洋葱、红辣椒　各10g

青梗菜、白菜　各10g

紫萝卜牵牛花　1个

甜醋汁（比例：醋1、汤汁10、
料酒1、淡口酱油1、糖0.2、水
溶葛粉适量）

甜醋烧鲈鱼

用八方煮汁煮过的蔬菜拼盘，只有紫萝卜是素炸过的，外观和口感都
会有所不同。

制作方法

❶ 鲈鱼切较大块，撒少许盐，静置20
分钟。裹上小麦粉，中温油炸。

❷ 南瓜去蒂，切成1cm厚片，雕成
向日葵造型，削掉部分外皮，下锅稍
烫。放入加有少量八方煮汁的锅中焖至
入味。

❸ 胡萝卜去皮，雕刻成玉米造型，然
后用牛奶或淘米水煮去味，再放进八方
煮汁中煮。

❹ 将白萝卜和心里美萝卜雕成八仙

花，划出花瓣的纹路，放进白八方煮汁
中煮入味。

❺ 洋葱、辣椒、青梗菜、白菜切成较
大块，撒上盐和胡椒，下锅炒至变色。

❻ 紫萝卜去皮，做成牵牛花的形状，
中温油炸。

❼ 将甜醋汁的材料混合后煮开，加入
适量葛粉勾芡。

❽ 将鲈鱼和蔬菜摆盘，浇上甜醋汁。

029

- 芜菁松果
- 芜菁锅子

冬日拼盘

换个花样，同样的花纹雕工，塞入山芋糕，就变成了两种完全不同的样式。

材料

● 芜菁锅子山芋糕

芜菁松果　1个
芜菁容器　1个
凤尾虾　100g
山芋　10g
淡口八方煮汁（比例：汤汁16、淡口酱油1、料酒1、糖1）

● 芝煮凤尾虾

凤尾虾　1条
八方煮汁（配料为汤汁4、料理酒4、料酒1、少量淡口酱油、少量盐）

● 酒蒸鮟鱇鱼肝

鮟鱇鱼肝　30g
酒　适量

豌豆　2颗
蟹味菇　5个
酒八方煮汁（比例：汤汁200、淡口酱油1、料理酒1、少量盐）
浇汁（比例：汤汁12、料理酒2、料酒1、淡口酱油1、少量盐、水溶葛粉适量）
树芽　适量

制作方法

● 芜菁锅子山芋糕

1. 小芜菁中间挖空，雕成松果状，根茎部分不要切掉。选较大的芜菁横着切成两半，中间掏空，雕出成花朵形状，作为容器。雕刻好的芜菁在淘米水中煮软，取出后控干水分。

2. 凤尾虾放进蒜臼中捣碎，和山芋末一同放进淡口八方煮汁中混合，用红色素染红。塞进芜菁松果中，放入淡口八方煮汁中煮入味。

3. 将芜菁容器也放入淡口八方煮汁中煮。注意不要让芜菁茎浸入煮汁，防止变色。

● *芝煮凤尾虾

*芝煮是将白身小鱼和虾等放进加了少量酒或料酒的淡口酱油中煮，是一种可以喝汤的煮食。

1. 去除凤尾虾的虾肠和壳，留下头尾，用烧开的淡盐水焯至变色。

2. 凤尾虾放进酒八方煮汁中，煮开后关火，静置一段时间，让食材入味。

● 酒蒸鲅鲦鱼肝

1. 剔除鲅鲦鱼肝脏血管，撒满盐，边用酒洗边撒盐。

2. 控干水分后用铝箔包好，上锅蒸。

最后一步

1. 豌豆去筋，用八方煮汁煮入味。

2. 将蟹味菇放在盐水中焯一下，然后用八方煮汁煮入味。

3. 将浇汁的材料煮开，放入水溶葛粉煮至黏稠状。

4. 将芜菁锅山芋糕和芜菁锅放入容器中，再摆入酒蒸鲅鲦鱼肝、芝煮凤尾虾、豌豆和蟹味菇。

5. 倒上浇汁，用树芽作装饰。

春日拼盘

将当归的穗雕成竹笋状，真正的
竹笋藏在后面，别有一番童趣。

雕刻作品

● 当归竹笋

材料

● *龙虾黄身煮

龙虾　30g
低筋粉　适量
黄身衣（蛋黄2个、小麦粉1杯、水
1杯）

● 香菇八方煮

香菇　2个
低筋粉　适量
海鳗碎　适量
八方煮汁（比例：汤汁10、淡口酱
油1、料酒1、少量盐）

● 芋头、土当归、竹笋八方煮

芋头　3个
白八方煮汁（比例：汤汁8、料理
酒0.2、料酒0.8、少量盐）
当归竹笋　3个
竹笋穗　1个
糠、红辣椒　各适量
八方煮汁（比例：汤汁12、料酒
1、料酒0.5、淡口酱油0.5、少量盐）
浇汁（比例：汤汁12、料酒2、
料酒1、淡口酱油1、少量盐、水溶
葛粉）
树芽　适量

制作方法

● 龙虾黄身煮

1. 龙虾去头，剥壳。然后切成适量大小，抹上面粉。
2. 将黄身衣的材料混合，再将步骤1的食材浸入，用180℃的油炸。

*黄身煮指将加了蛋黄的材料用调味鲜汤煮成的菜肴

● 香菇八方煮

1. 香菇去蒂，在伞的内侧涂满面粉。
2. 将海鳗放进蒜臼中捣碎，用八方煮汁腌入味，再用梅肉上色。
3. 将香菇翻过来，用肉末填满蘑菇内侧。
4. 将八方煮汁烧开，放入步骤3的食材，煮入味。

● 芋头、土当归、竹笋八方煮

1. 芋头切掉两头后剥皮，放进淘米水中稍煮，再放入清水中，取出后用八方煮汁煮入味。
2. 土当归切掉根部和较细的茎，做成竹笋的样子。用淘米水中煮过后，再用八方煮汁煮入味。
3. 在"竹笋"上竖着刻上刀痕，与糠和红辣椒一起下锅，将汤汁煮干。
4. 剥皮，放进八方煮汁中慢慢煮入味。

最后一步

1. 香菇切半摆盘，竹笋竖着切成两半，摆入盘中，再将龙虾黄身煮、芋头、当归八方煮摆入盘中。
2. 浇汁材料煮开后倒入水溶葛粉勾芡，倒在食材上，用树芽作装饰。

初夏拼盘

南瓜八方煮中盛着海鲜，做成华美的帆船。南瓜用高汤煮过后，更利于雕刻。

雕刻作品

● 南瓜帆船

材料

● 南瓜八方煮

南瓜帆船　2个
八方煮汁（比例：汤汁10、淡口酱油1、料酒1、糖0.2、少量盐）

● 炖扇贝和萤乌贼

扇贝　2个
萤乌贼　2个
煮汁（比例：汤汁3、料理酒1、料酒1、浓口酱油1.5）

● 软煮章鱼

章鱼足　2根
煮汁（比例：汤汁8、料理酒2、糖1、浓口酱油0.8、老抽酱油0.2、料酒0.2）

● 白煮芋头

芋头　5个
白八方煮汁（比例：汤汁8、料理酒0.2、料酒0.8、少量盐）

● 秋葵拌菜

秋葵　5根
八方煮汁（比例：汤汁4、料理酒1、淡口酱油0.5、盐0.8）
芸豆　1颗
浇汁（比例：汤汁12、料理酒2、料酒1、淡口酱油1、少量盐、水溶葛粉）
小水萝卜、树芽　各适量

制作方法

● 南瓜八方煮

1. 南瓜去蒂、剥皮后做成帆船的形状，"船帆"雕刻成薄薄的扇形。将"船"和"船帆"分别下锅稍烫。

2. 放进倒有少量八方煮汁的锅中焖至入味。

● 炖扇贝和萤乌贼

1. 扇贝剥壳，将黑色的部分剔除。切除萤乌贼的嘴和眼。

2. 将煮汁的材料煮开，然后将扇贝和萤乌贼分别放进锅中煮，取出后控干水分。

● 软煮章鱼

1. 章鱼足用开水烫过后用清水冲洗，去除污垢和黏液，切成适口大小。

2. 将煮汁的材料煮沸，放入章鱼，盖上锅盖，小火煮至柔软。

● 白煮芋头

1. 将芋头切掉两端，剥皮，放进淘米水中稍煮，然后置于清水中。

2. 取出后放进白八方煮汁中煮入味。

● 秋葵拌菜

1. 秋葵撒上盐，在砧板上来回滚搓后用水冲洗。洗净后切掉根部，下锅煮至

变色。

2. 控干水分，冷却后浸入八方煮汁中。

最后一步

1. 芸豆去筋，在盐水中烫一下。

2. 将浇汁的材料煮开，加入水溶葛粉勾芡。

3. 将扇贝、荧乌贼和芸豆放入南瓜帆船中，摆入盘中后插上帆。

4. 将秋葵、章鱼、芋头摆入盘中，倒入浇汁，将小水萝卜片和树芽摆在扇贝上作为装饰。

• 南瓜锅

鲍鱼南瓜锅

将炖过的鲍鱼放在南瓜雕出的容器中一起蒸。出锅后，鲍鱼汤汁的味道渗透进南瓜，与南瓜的味道融为一体。

材料

鲍鱼　1个
八方煮汁（比例：汤汁10、料酒1、淡口酱油1，少量盐）
南瓜容器　1个
白萝卜片　适量
红辣椒、黄辣椒　各少量
水溶葛粉、荷兰芹　各适量

制作方法

❶ 在鲍鱼身上撒足量的粗盐，用刷子仔细刷去污垢和黏液，剥壳，去除口部和鱼鳍。

❷ 用酒和水将白萝卜片煮软，再放进八方煮汁中煮入味。

❸ 将南瓜上部切掉，雕刻成盖子，中心挖空成器皿，雕刻出花纹。

❹ 将鲍鱼放进南瓜，盖上盖子上锅蒸。

❺ 红、黄辣椒去蒂，切碎后放进八方煮汁中煮入味。

❻ 在鲍鱼用的八方煮汁中加入葛粉勾芡，然后倒在鲍鱼上。

❼ 将南瓜摆盘，辣椒摆在鲍鱼上。荷兰芹摆在最上面，盖上雕刻好的南瓜盖子。

雕刻作品

● 白萝卜锅

酱萝卜

将白萝卜雕成花朵模样，摆上蟹肉和烧汁菜，做成水莲花的样子。

材料

白萝卜锅　1个
海带汤
春菊　少量
蟹肉　20g
菊花　10g
浇汁（比例：汤汁12、料理酒2、料酒1、淡口酱油1、少量盐、水溶葛粉适量）
煮过的螃蟹足　1根

制作方法

❶ 白萝卜去皮，做成花朵形状，放进海带汤中煮软，注意不能煮烂。

❷ 春菊切成适量大小，撒上盐后浸入八方煮汁中。

❸ 将菊花放进加了醋的开水中烫一下，再放进冷水中冷却，取出后控干水分。

❹ 将浇汁的材料煮开，加入蟹肉和菊花搅拌，再用水溶葛粉勾芡。

❺ 酱萝卜摆在盘子中间，上摆放春菊和蟹肉，浇上步骤4的全部食材。

鲑鱼酱菜

素炸过的茄子独角仙和西葫芦独角仙，可以长时间保持色泽和形状。在八方煮汁中煮过的南瓜，用喷枪在表面烤出焦痕，完美演绎出烤玉米的形象。

材料

● 鲑鱼味噌

切好的鲑鱼　30g切成3段
味噌汤（比例：白味噌10、料酒1、料理酒1）

● 玉米毛豆山芋糕

鲷鱼肉末　100g
山芋末　10g
八方煮汁（比例：汤汁10、淡口酱油1、料酒1、少量盐）
玉米　20g
毛豆　20g

● 南瓜八方煮

南瓜玉米　2个
八方煮汁（比例：汤汁10、淡口酱油1、料酒1、少量盐）

● 甜醋腌蘘荷

蘘荷　1颗
溪蟹　2只
西葫芦独角仙　2个
茄子独角戏　2个
枇杷乳蛋饼　2个
酸柚　1个

制作方法

● 鲑鱼味噌

1. 在处理好的鲑鱼身上撒少量盐，静置一段时间后擦去溢出的水分。
2. 将味噌底料倒入较深的方盘中，铺上纱布，再放入鲑鱼，用纱布包裹鲑鱼，盖上盖子（或用保鲜膜封好），置于常温环境下（20℃左右）腌制一夜。取出后擦去鲑鱼上的味噌，用铁钎穿起来烤出焦痕。

● 玉米毛豆山芋糕

1. 将鲷鱼肉放入蒜臼中捣碎，和山芋末混合后置于八方煮汁中。
2. 玉米和毛豆分别用盐水烫过，然后将玉米粒掰下，毛豆去皮。
3. 混合步骤1和步骤2的食材，揉成适量大小的球状，中温油炸。

最后一步

1. 南瓜去皮，做成玉米的造型，下水稍煮，放进少量八方煮汁中煮。
2. 蘘荷用开水烫后放入浅筐中，撒上盐，再放进甜醋中腌至变红。
3. 洗净溪蟹的泥沙，中温油炸。
4. 茄子和西葫芦去皮，雕刻成独角仙的形状，中温油炸。
5. 在盘中铺上柏树叶，摆入鲑鱼味噌、玉米毛豆山芋糕、市售的枇杷乳蛋饼和南瓜玉米八方煮，再用切成两半的酸柚做装饰。
6. 用溪蟹、素炸西葫芦和茄子做成的独角仙做装饰，再将甜醋腌蘘荷穿起来，最后撒上枫叶装饰。

雕刻作品

● 南瓜玉米
● 西葫芦独角仙
● 茄子独角仙
● 代代酸橙装饰

雕刻作品

● 秋刀鱼编织物

秋刀鱼祐庵烧

将切好的鱼身分三股编在一处，然后再烤。烧烤时要细心地将每一处烤制均匀，需要一定的技术。祐庵烧，即将鱼泡在用酱油、清酒、味酥以及柑橘类水果（一般为日本柚）制成的酱汁中腌渍后烧烤。

材料

处理好的秋刀鱼身　1条
祐庵烧底料（比例：料理酒1、料酒1、浓口酱油1）

● 甜醋腌蘘荷

蘘荷　1颗
甜醋（比例：水2、醋1、糖1、盐0.1）
金山寺味噌　适量

制作方法

❶ 将秋刀鱼竖着切成3等份，编成一股，用祐庵烧底料腌制30~40分钟。

❷ 将秋刀鱼控干汤汁，穿起来翻烤，要注意不能烤焦。刷上酱汁，烤干，然后放在太阳下晒。

❸ 蘘荷用开水烫后放进浅筐中，撒上盐，再用甜醋腌至变红。

❹ 将树芽铺在盘中，摆入秋刀鱼，再添上蘘荷和金山寺味噌。

雕刻作品

● 辣椒树叶

鲕鱼祐庵烧

用小型树叶模具就能做出的简单雕刻，不需要多费功夫，既简单又能增加料理的季节感。

材料

处理好的鲕鱼身　50g
祐庵烧底料（比例：料理酒1、料酒1、浓口酱油1）
浇汁果冻（比例：汤汁10~12、料酒0.8、浓口酱油、适量明胶片）
金山寺味噌　适量
蟹味菇　适量
八方煮汁（配比为汤汁16、料酒1、淡口酱油0.8、少量盐）
银杏果　1颗
黄辣椒银杏果　4个
红辣椒树叶　4片

制作方法

❶ 用祐庵烧底料将鲕鱼肉腌制30~40分钟，然后用炭火烤。

❷ 去除蟹味菇上的石子，用八方煮汁煮入味。

❸ 将浇汁的材料混合后煮开，然后加入用水泡发的明胶片，冷却凝固。

❹ 在盘中间摆入鲕鱼，再添上金山寺味噌、蟹味菇，银杏果放在最上面。

❺ 用做成银杏和树叶形状的黄辣椒和红辣椒装饰，最后倒入浇汁。

雕刻作品

- 甘薯银杏
- 葡萄雕刻物

材料

处理好的鲕鱼身　60g
祐庵烧底料（比例：料理酒1、
料酒1、浓口酱油1）
甘薯银杏叶　2个
糖水（水糖比例为2∶1）
栀子果实　适量
滑菇、香菇、蟹味菇　各适量
蛋黄酱　适量
菊花　适量
葡萄（巨峰）　1个

蛋黄酱烧鲕鱼

带皮的甘薯和栀子一同放在果子露中煮，然后将这两种带有秋日气息的食材制成美丽的雕刻作品。

制作方法

❶ 用祐庵烧底料将处理好的鲕鱼腌制30~40分钟，然后折起一端，穿起来，用炭火烤。

❷ 甘薯切成1cm厚片，做成银杏叶形状，再和栀子果实一起用糖水煮入味。

❸ 去除滑菇、香菇、蟹味菇上的石子，用开水烫过后，和蛋黄酱拌在一起。

❹ 将菊花放进加了醋的开水中烫，取出后放入冰水中，冷却后控干水分。

❺ 将蛋黄酱拌蘑菇摆在鲕鱼上面，用喷枪烤出焦痕。

❻ 将鲕鱼和甘薯盛入盘中，用切出"山"字切口的葡萄装饰，最后将菊花摆在葡萄上。

雕刻作品

● 辣椒树叶

无花果天妇罗

无花果和蛋奶羹组成了味道温和的料理，放入一枚用果子露腌过的辣椒，口感立刻提升一个档次。

材料

蛋奶羹（蛋黄5个、糖100g、
牛奶100g、低筋面粉5g）
红辣椒树叶　1个
糖水（水糖比例为2:1）
无花果　1个
天妇罗衣（配料为每1个鸡蛋
100ml水、50g低筋面粉）
生奶油、薄荷叶　各适量

制作方法

❶ 将牛奶和半份糖倒入小锅中煮沸。剩下的糖和蛋黄倒入碗中搅拌，然后加入低筋粉搅匀。

❷ 向碗中倒入半份煮牛奶，混合后再倒回锅中搅拌，大火熬制蛋奶羹，完成后静置冷却。

❸ 将红辣椒做成树叶形状，放进糖水中煮入味。

❹ 无花果剥皮后裹上薄面，浸入天妇罗衣中，中温油炸，摆盘。

❺ 在天妇罗旁边，用带有金属盖的裱花袋将蛋奶羹挤出一部分，再用喷枪烤出香味。

❻ 挤一点蛋奶羹在天妇罗上，用红辣椒和薄荷叶做装饰。

043

蒸鲍鱼配酱烤茄子

在茄子容器中填满赤玉味噌，然后清炸，出锅后摆上虾和冬瓜。吃的时候，埋在茄子里的味噌总是带给人惊喜。

材料

赤玉味噌（每5个蛋黄配250g赤玉味噌、50ml料酒、50ml料理酒、75g糖）

茄子茶叶罐　2个

鲍鱼　2个

白萝卜片　适量

八方煮汁（配料为汤汁10、料酒1、淡口酱油1、少量盐）

酒八方煮汁（配料为汤汁4、料理酒4、料酒1、少量盐、少量淡口酱油）

凤尾虾　3只

冬瓜葫芦　1个

冬瓜枫叶　1个

白八方煮汁（比例：汤汁10、料酒1、料理酒1、少量盐）

蟹味菇　少量

滑菇　少量

树芽　适量

制作方法

❶ 将赤玉味噌的材料放进锅中搅匀，用小火煮，同时用木铲翻搅，注意不能煮干了。煮至木铲搅不动出现光泽的时候关火，倒出过滤。

❷ 茄子从中间切成两半，在表面雕刻，并从中间挖掉一部分。将赤玉味噌倒进茄子中，用180℃的油素炸。

❸ 在鲍鱼身上撒满盐，用刷子刷去污垢和黏液。从壳中取出后去除口部和鳍。和白萝卜片一同用酒和水煮至柔软，再用八方煮汁煮入味。

❹ 凤尾虾去虾肠，用盐水焯过后去壳，用八方煮汁煮开后，立即关火。

❺ 冬瓜切成1cm厚片，分别做成葫芦和枫叶形状，再用白八方煮汁煮入味。

❻ 将蟹味菇和滑菇掰开，分别放进八方煮汁中煮入味。

❼ 将茄子和鲍鱼摆入盘中，将凤尾虾、蟹味菇、滑菇和冬瓜摆在茄子上。用树芽装饰。

雕刻作品

- 茄子茶叶罐
- 冬瓜葫芦
- 冬瓜枫叶

花朵拼盘

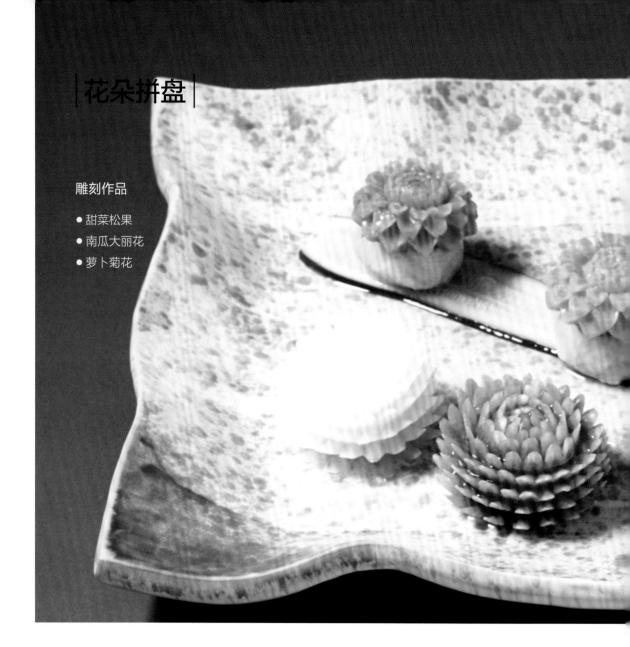

雕刻作品

● 甜菜松果
● 南瓜大丽花
● 萝卜菊花

材料

● 甜菜虾仁山芋糕

甜菜松果　2个
山芋末　10g
淡口八方煮汁（比例：汤汁10、淡口酱油1、料酒1、少量盐）

● 南瓜馒头

南瓜大丽花　3个
南瓜　100g
海鳗碎　20g
本葛粉　10g

淡口八方煮汁（比例：汤汁10、淡口酱油1、料酒1、少量盐）
鸡肉碎　3g
白萝卜菊花　1个
心里美萝卜菊花　1个
白八方煮汁（比例：汤汁10、料理酒1、料酒1、少量盐）
西葫芦　适量
浇汁（比例：汤汁12、料理酒2、料酒1、淡口酱油1、少量盐、水溶葛粉适量）

夹着虾肉末的甜菜，包裹着鸡肉松的南瓜，搭配萝卜白八方煮和用不同烹饪方法做出的三种花草装饰，各有不同的味道和口感，让人怎么也吃不腻。

制作方法

● 甜菜虾仁山芋糕

1. 选用较小的甜菜，从底部1/4处切开，上部从中分开做成大丽花的形状。不要切掉茎下部。在切下的底部边缘雕刻出波浪。放进淘米水中煮至柔软，取出后控干水分。
2. 凤尾虾放进蒜臼中捣碎，和山芋末混在一起放进淡口八方煮汁中。
3. 将步骤3的食材填入甜菜，用淡口八方煮汁煮入味。甜菜底部同样煮入味。

● 南瓜大丽花八方煮和南瓜馒头

1. 南瓜去皮、去子，做成3个大丽花造型，用开水烫过后，用少量的淡口八方煮汁煮。
2. 制作馒头的南瓜去皮，蒸过后用筛网过滤，放进蒜臼中，加入海鳗和本葛粉混合，用淡口八方煮汁调味。
3. 向平底锅中倒入色拉油，倒入鸡肉碎翻炒，加入淡口八方煮汁调味。
4. 将步骤2的食材放在纱布上，中间摆上鸡肉松，包裹起来，做成南瓜馒头。

最后一步

1. 将两种萝卜切成7cm长的段，再分别雕刻出菊花造型。用开水稍烫，然后倒入少许白八方煮汁，煮至入味。
2. 西葫芦纵切成薄片，下锅稍烫。
3. 将浇汁的材料煮开，倒入水溶葛粉勾芡。
4. 将西葫芦摆入盘中，南瓜馒头摆在上面，再摆上南瓜大丽花。
5. 盛入甜菜虾仁山芋糕，倒上步骤3的浇汁。摆上白萝卜和心里美萝卜制作的红白菊花。

|什锦蒸鲷鱼|

混合了虾和银杏果等食材的芜菁馒头，搭配各种蔬菜雕刻，构成了这道色彩缤纷艳丽的料理。

雕刻作品

- 胡萝卜枫叶
- 辣椒银杏叶
- 辣椒树叶

材料

芜菁　50g
蛋白　10g
淀粉　5g
凤尾虾　1条
香菇　适量
银杏　1个
红豌豆　2个
处理好的鲷鱼身　20g
胡萝卜枫叶　适量

八方煮汁（比例：汤汁16、料酒1、淡口酱油0.8、少量盐）
蟹味菇　10g
黄辣椒银杏　1个
红辣椒树叶　1个
浇汁（比例：汤汁12、料理酒2、料酒1、淡口酱油1、少量盐、适量水溶葛粉）
芥末　适量

制作方法

① 芜菁切碎，与蛋白和淀粉混合，加入10ml淡口酱油、少量盐、1/2小勺味精调味。

② 凤尾虾去头、壳和背肠，切成1cm长，与切碎的香菇、银杏、和红豌豆一起，与步骤1的食材混合。揉成直径五六厘米的球，做成芜菁馒头，上锅蒸熟。

③ 将处理好的鲷鱼切成适口大小，上锅蒸。

④ 胡萝卜去皮，切成薄片，做成枫叶造型，用八方煮汁煮软。

⑤ 去除蟹味菇上的石子，用八方煮汁煮入味。

⑥ 鲷鱼和芜菁馒头叠放在盘中，再摆入胡萝卜，蟹味菇，用做成银杏叶和树叶的红、黄辣椒装饰。

⑦ 将浇汁的材料煮开，加入水溶葛粉勾芡后浇在盘中，最后将芥末盛在顶端。

柿子馒头

柿子去子去心，埋入豆腐皮，上锅蒸好。装饰用的麸子和菊花为其多添了几分色彩。

材料

柿子装饰物　1个
豆腐皮　30g
香菇　10g
八方煮汁（比例：汤汁10、料理酒1、淡口酱油1、少量盐）
面筋　1个
浇汁（比例：汤汁12、料理酒2、料酒1、淡口酱油1、少量盐、适量水溶葛粉）
煮过的菊花　10g

制作方法

❶ 柿子去蒂、剥皮、挖去中心，雕刻成菊花的样子。埋入豆腐皮，上锅蒸。

❷ 香菇切薄片，用八方煮汁煮入味。

❸ 面筋用八方煮汁煮入味。

❹ 将柿子摆入盘中，再将香菇和面筋摆在上面。

❺ 将浇汁的材料煮开，加入菊花和水溶葛粉勾芡，完成后浇在盘中。

雕刻作品

- 辣椒星星
- 萝卜八仙花
- 冬瓜树叶

和牛炒菜

星形的辣椒装饰在青梗菜上，蔬菜的纤维看上去就像流星的尾巴。

材料

青梗菜　50g
洋葱　50g
和牛肋排　100g
萝卜、心里美萝卜　各2个
红辣椒星星、黄辣椒星星
各3个
冬瓜树叶　2个

制作方法

❶ 青梗菜和洋葱切成适口大小，撒上盐和胡椒粉，用芝麻油炒。

❷ 和牛肉切成1cm厚，撒上盐和胡椒。平底锅中倒入色拉油，放入牛肉，两面烤至变色。

❸ 冬瓜切成五六毫米厚，做成树叶的形状；辣椒去子后做成星星状；白萝卜和心里美萝卜切成五六毫米厚，做成八仙花造型。用刀在冬瓜和萝卜上划出纹路。

❹ 在盘中三处分别摆上洋葱、青梗菜和切好的牛肉。辣椒星星摆在青梗菜上，做成流星状。用冬瓜、萝卜、心里美萝卜和辣椒做装饰。

雕刻作品

- 黄瓜青蛙
- 南瓜团扇
- 南瓜流星
- 冬瓜牵牛花叶
- 辣椒星星

材料

南瓜流星　2个
南瓜团扇　2个
八方煮汁（比例：汤汁16、料酒1、淡口酱油0.8、少量盐）
黄瓜青蛙　2个
冬瓜牵牛花叶　3片
黄辣椒星星、红辣椒星星　各2个
心里美萝卜　适量
迷你西红柿　4个
洋葱　适量
莴苣、嫩菜叶　适量
梅子和青紫苏酱汁（小颗梅子8个、青紫苏10片、米醋3大勺、植物油3大勺、浓口酱油2大勺、糖1大勺）

夏日沙拉A

用夏季的蔬菜雕刻成夏季的动植物，享用时说不定会有新奇的发现。

制作方法

❶ 南瓜去蒂，切成1cm厚，做成流星和团扇造型。剥去部分外皮，让色彩更加鲜明，然后再用刀划出花纹，下锅煮。向锅中倒入少量八方煮汁，煮至入味。

❷ 黄瓜竖着切成两半，做成青蛙造型，用刀划出花纹。将冬瓜切成五六毫米厚，做成牵牛花叶造型，用刀划出叶

脉。辣椒去蒂，做成星星造型。

❸ 将心里美萝卜做成银杏叶造型，做得小一些。迷你西红柿切成3mm厚的圆片，红洋葱切片，莴苣撕碎。

❹ 将所有蔬菜放入盘中，浇上梅子和青紫苏酱汁。

雕刻作品

- 南瓜树叶
- 胡萝卜大丽花
- 黄瓜青蛙

材料

南瓜树叶　2个

八方煮汁（比例：汤汁16、料酒1、淡口酱油0.8、少量盐）

青芋茎　1个

混合汤汁（比例：汤汁13、淡口酱油1、料酒1）

凤尾虾　2条

黄瓜青蛙　1个

胡萝卜大丽花　2个

白萝卜　50g

红辣椒、黄辣椒　20g

红洋葱　10g

心里美萝卜　10g

迷你西红柿　1个

嫩菜叶、莴苣　各适量

芽紫苏　适量

梅子和青紫苏酱汁（配料见P52）

夏日沙拉B

用八方煮汁煮过的蔬菜拼盘，只有紫萝卜是素炸过的，外观和口感都会有所不同。

制作方法

❶ 南瓜去蒂，切成1cm厚，做成树叶。剥去部分外皮，用刀划出叶脉，然后下锅煮。向锅中倒入少量八方煮汁，煮至入味。

❷ 青芋茎去皮，放进加了醋的开水中煮变色，再放入冰水中冷却，置入混合汤汁中腌渍入味，取出后切成2cm长。

❸ 凤尾虾去头和壳，用料酒煎，竖着切开。

❹ 胡萝卜去皮，切成5mm厚的圆片，做成大丽花造型。

❺ 黄瓜横着切开，做成青蛙造型，用刀划出花纹。

❻ 白萝卜切丝，红、黄辣椒切碎，洋葱切片，心里美萝卜切成银杏叶形状，然后再切小些。迷你西红柿切成3mm厚的圆片，嫩菜叶和莴苣切成适量大小。

❼ 将蔬菜和虾摆入盘中，搭配好颜色，撒上芽紫苏，最后浇上梅子和青紫苏酱汁。

沙拉棒

倾斜的刻痕简洁而美观。雕刻方法简单快捷，因此时常出现在宴会场合。

雕刻作品

- 山芋条雕刻
- 胡萝卜雕刻
- 黄瓜雕刻

材料

胡萝卜装饰物　4个
山芋装饰物　4个
黄瓜装饰物　4个
芦笋　2根

● 胡萝卜八方煮

胡萝卜枫叶　2个
八方煮汁（比例：汤汁16、料酒1、淡口酱油0.8、少量盐）
辛味噌（比例：赤玉味噌10、白玉味噌10、苦椒酱3、豆瓣酱1）
树芽　适量

制作方法

❶ 胡萝卜去皮，竖着切4等份，然后雕刻。下锅略炒，然后继续煮。

❷ 山芋切成1cm×2cm、长15cm的条，然后雕刻。下水焯过后，再继续煮，取出后用喷枪在表面烤出焦痕。

❸ 黄瓜竖着切4等份，然后雕刻。下水稍烫，使其颜色更加鲜明。

❹ 芦笋去除叶鞘，竖着切开，下锅稍烫。

❺ 将八方煮用的胡萝卜去皮，切成1cm的圆片，做成枫叶造型。放进牛奶或淘米水中烫一下，除去其特有的臭味，然后用八方煮汁煮入味。

❻ 将蔬菜棒插入玻璃杯中，摆盘。在小盘中装辛味噌和胡萝卜八方煮。用树芽装饰。

雕刻作品

● 红辣椒金鱼

海鳗南蛮渍

辣椒不仅为南蛮渍增添了色彩，还能起到装饰作用。装饰物用甜醋腌过后，口味也会有所不同。南蛮渍，即将葱花、辣椒等配料放入油炸过的鱼或肉中，然后用醋腌制。

材料

处理好的海鳗鱼身　60g
南蛮醋（比例：汤汁2、醋1、料酒0.3、淡口酱油0.3、少量盐）
洋葱片　10g
胡萝卜碎　5g
黄辣椒　5g
紫苏　1个
红辣椒金鱼　1个
菜花　少量
甜醋（比例：水2、醋1、糖1、盐0.1）

制作方法

❶ 将鳗鱼切成适口大小，撒少量太白粉，中温油炸。

❷ 将南蛮醋的材料混合，煮开后加入洋葱片、胡萝卜碎和黄辣椒，将步骤1的海鳗放入，腌渍2小时。

❸ 去除紫苏的根茎，用盐水洗干净。用开水烫过后，放进甜醋中腌渍。

❹ 红辣椒做成金鱼造型，放进甜醋中腌渍。菜花下锅烫后也放进甜醋中腌渍。

❺ 将海鳗摆入盘中，再摆上洋葱片、胡萝卜碎和黄辣椒。

❻ 腌好的紫苏切成两半，与红辣椒金鱼和菜花盛在最上面。

雕刻作品

- 胡萝卜花朵
- 红辣椒枫叶
- 黄辣椒银杏

材料

● 芦笋八方煮

芦笋　3根
八方煮汁（比例：汤汁10、料理
酒1、淡口酱油1、少量盐）

● 胡萝卜八方煮

胡萝卜花朵　5个
八方煮汁（比例：汤汁16、料
酒1、淡口酱油0.8、少量盐）

白萝卜片　1片
红辣椒枫叶　1个
黄辣椒银杏叶　1个
甜醋（比例：水2、醋1、糖1、
盐0.1）
辛味噌（比例：赤玉味噌10、白
玉味噌10、苦椒酱3、豆瓣酱1）
西蓝花　适量
树芽　少量

和风蔬菜沙拉

芦笋为茎，外裹切成带状的白萝卜，做成花束，是很适合母亲节的
装饰。

制作方法

❶ 芦笋除去叶鞘，放进八方煮汁中煮。

❷ 胡萝卜去皮后做成花朵，放进牛奶或淘米水中煮去味道，然后再放进八方煮汁中煮入味。

❸ 白萝卜切成宽带状。红辣椒做成枫叶，黄辣椒做成银杏叶，再切出辣椒丝，分别用甜醋腌入味。

❹ 西蓝花掰开，放进盐水中稍烫。

❺ 用腌好的白萝卜卷起芦笋穗，放进铺有树芽的盘中。

❻ 摆入胡萝卜花朵，遮住芦笋根部，再将辣椒丝摆在白萝卜上装饰。

❼ 将辛味噌盛入小盘中，再摆上红辣椒枫叶、黄辣椒银杏叶和西蓝花。

057

北极贝和海螺搭配土佐醋冻

宝石一般闪耀的果子冻，很适合用来雕刻。搭配小
水萝卜雕成的红色玫瑰，更显高雅。

雕刻作品

- 小水萝卜玫瑰
- 胡萝卜枫叶

材料

北极贝 1个
海螺 1个
土佐醋（比例：醋2、汤汁3、
料酒1、淡口酱油1、糖0.2、少
量盐、适量鲣鱼干）
用水泡发的明胶 每500ml土佐
醋配1片

小水萝卜玫瑰 1个
甜醋（配料为水2、醋1、糖1、
盐0.1）
胡萝卜 5g
红辣椒、黄辣椒 各10g
黄瓜 15g
紫苏卷菾 1颗

制作方法

❶ 北极贝去壳，分开脚、贝柱和外膜上的棒状物。横着切开足，剔除毒腺，再剔除棒状物上的黑线。用水仔细清洗后，削成片。

❷ 海螺去壳，再去除肝脏。竖切开，取下唾液腺。用盐搓去黏液后削成片。

❸ 混合土佐醋的材料，加入泡发的明胶片后放入冰箱冷冻，做成土佐醋冻。

❹ 小水萝卜切成玫瑰状造型，用盐水烫后，放入甜醋中腌渍。

❺ 胡萝卜去皮，做出一片2mm厚的枫叶造型，剩下的部分切碎。辣椒切碎，与胡萝卜分别用甜醋腌渍。

❻ 黄瓜切片，在煮开的盐水中浸泡10分钟。

❼ 将北极贝和海螺盛入盘中，倒入土佐醋冻。

❽ 去除紫苏卷薤的紫苏，竖着切开，摆入盘中。然后摆入小水萝卜、黄瓜、胡萝卜、辣椒，胡萝卜银杏叶摆在最上面。

雕刻作品

- 西瓜容器
- 甘薯玫瑰

中秋西瓜果盘

用掏空的西瓜作为混合水果的容器。在盖子上雕刻小兔子造型，很适合赏月时节。

材料

西瓜容器　1个

甘薯玫瑰　3个

糖水（水和糖比例为1：1）

草莓　6颗

猕猴桃　2个

葡萄（巨峰）5颗

迷你西红柿（红、黄）每种各
3个

碳酸水　适量

薄荷叶　适量

制作方法

① 西瓜从上部1/3处切开，上部在表面进雕刻。将下部果肉完整取出，切块。

② 甘薯去皮做成玫瑰造型，下锅稍烫，然后用糖水煮入味。

③ 草莓去蒂后切成两半，猕猴桃去皮，横切成月牙状。

④ 葡萄剥皮，迷你西红柿烫过后去皮。

⑤ 将草莓、猕猴桃、葡萄、迷你西红柿和西瓜果肉摆入西瓜容器中，再将糖水和碳酸水按照1：1的比例混合后倒入西瓜容器中。

⑥ 将西瓜容器摆入盘中，盖子搭在边上，旁边装饰甘薯玫瑰和薄荷叶。

雕刻作品

- 苹果网篮
- 橘子装饰物
- 葡萄装饰物

水果拼盘

将苹果的底部放在盘子中间，里边盛满毛豆羊羹，苹果上部刻成网状，盖上，透过网眼能够窥探到里面的美味羊羹。

材料

苹果网篮　1个
装饰物　3个
葡萄（先锋）2个
无花果　1个
猕猴桃　1/2个
草莓　3个
毛豆泥羊羹（市售）3个

制作方法

❶ 将苹果下部切掉，做成台子，上部挖空做成网篮状。

❷ 橙子切成月牙状形，在橘皮皮肉间划出痕迹，然后在皮上进行雕刻。

❸ 葡萄去皮，切出"山"字形。

❹ 无花果剥开后切成月牙状。

❺ 猕猴桃切成5mm厚的圆片。

❻ 毛豆泥羊羹切成适口大小，摆在苹果台子上，装盘，然后盖上网篮状的苹果。

❼ 在苹果前边摆上橘子、葡萄、猕猴桃、无花果、草莓。

香蕉蛋奶羹

小型模具制作的雕刻物，用果子露煮过，搭配蛋黄煮过的西红柿，为这道菜增添了许多色彩。

雕刻作品

- 甘薯银杏叶
- 辣椒枫叶

材料

蛋黄　5个
糖　100g
牛奶　100g
低筋粉　5g
甘薯银杏　1个
红辣椒枫叶　1个
糖水（水糖比例为2：1）
栀子果实　适量
迷你西红柿　1个
黄身衣（比例：每2个蛋黄200ml水、10g鸡蛋、50g低筋粉）
生奶油、薄荷叶　各适量

制作方法

❶ 将牛奶加半份糖煮开。剩下的糖和蛋黄混合，加入低筋粉搅拌，倒入半份煮牛奶，混合后再倒回锅里搅匀。大火煮成蛋奶羹，完成后静置冷却。

❷ 甘薯切成7mm厚，做成银杏叶造型，下锅稍烫，然后和栀子果实一同用糖水煮变色。

❸ 红辣椒做成枫叶造型，用糖水煮入味。

❹ 迷你西红柿烫掉皮，撒上薄面，裹上黄身衣，中温油炸。

❺ 香蕉剥皮，切成3等份，再竖切成两半，蒸两三分钟，摆入盘中。摆入蛋奶羹，用喷枪烤出焦痕。

❻ 摆入蛋黄炸西红柿，挤入8层生奶油，用甘薯银杏叶和薄荷叶做装饰。

雕刻作品

● 柿子锅
● 甘薯蝴蝶

材料

栗子　1个
甘薯银杏叶　2个
银杏果　1个
糖水（水糖比例为2：1）
栀子果实　适量
柿子容器　1个
葡萄（巨峰）1颗
生奶油　适量
薄荷叶、糖霜　各适量

秋日柿子果盘

可以连容器一同吃掉的甜点。在掏空的柿子中挤入足量的生奶油，口感十分满足。

制作方法

❶ 将栗子浸入开水中泡胀，去皮。然后放进碳酸水中将薄皮煮软后，取掉细丝，再煮3分钟，去除涩味。放进糖水中煮一夜。

❷ 甘薯去皮后分别切成7mm和5mm厚的片，然后雕刻成银杏叶。下锅烫后和栀子果实一同放进糖水中煮至变色。

❸ 银杏果去壳，剥掉涩皮，用糖水煮入味。

❹ 将柿子从上部1/3处切开，剥皮，挖出部分果肉，做成容器，切口做成"山"形。

❺ 向柿子容器中挤入8层生奶油，然后摆入涩皮栗子、甘薯银杏叶和葡萄。

❻ 用薄荷叶做装饰，撒上少量用过滤出的糖霜。

雕刻作品

- 柿子骰子
- 苹果骰子
- 草莓骰子

材料

糖浆果冻
水　360ml
精制白糖　100g
柠檬汁　1大勺
琼脂　15g
柿子骰子　8个
苹果骰子　8个
草莓骰子　8个
猕猴桃　1/2个
薄荷叶　适量

甜点"魔方"

将水果切成小立方体，再拼成魔方，既简单又有个性，十分引人注目。

制作方法

❶ 将水和糖煮沸后加入柠檬汁和琼脂，倒入方盘中冷却凝固。

❷ 柿子和苹果去皮，切成1cm见方的块。草莓去蒂后切成1cm见方的块。

❸ 猕猴桃去皮，切成2cm厚片，做成银杏叶形状。

❹ 按照柿子、苹果、草莓的顺序依次摆放，横竖各4块水果，共摆两层。浇上足量的糖浆果冻。

❺ 将猕猴桃银杏叶塞在中间，薄荷叶摆在最上面。

雕刻作品

- 冬瓜锅
- 胡萝卜和白萝卜八仙花
- 南瓜团扇
- 花莲藕
- 胡萝卜玉米

- 胡萝卜香鱼
- 甘薯牵牛花
- 冬瓜树叶
- 黄瓜青蛙

冬瓜冷锅

在冬瓜锅外面贴上用白萝卜和胡萝卜雕成的八仙花，看上去有种清凉的感觉。

材料

冬瓜　1个
白八方煮汁（比例：汤汁8、料理酒5、淡口酱油5、料酒5、葛粉0.75）

● 南瓜八方煮
南瓜团扇　2个
八方煮汁（比例：汤汁8、淡口酱油1、料酒1、少量盐）

● 莲藕八方煮
莲藕　6片
淡口八方煮汁（比例：汤汁10、料理酒1、料酒0.25、淡口酱油0.5、少量盐）

● 芋头八方煮
芋头　5个
白八方煮汁（配料为汤汁8、料理酒0.2、料酒0.8、少量盐）

● 胡萝卜八方煮
胡萝卜玉米　3个
胡萝卜香鱼　1个
八方煮汁（配料为汤汁16、料酒1、淡口酱油0.8、少量盐）

● 甘薯八方煮
甘薯牵牛花　3个
八方煮汁（比例：汤汁10、料酒1、淡口酱油1、少量盐）
芸豆　4颗

● 芝煮凤尾虾
凤尾虾　3条
酒八方煮汁（比例：汤汁4、料理酒4、料酒1、少量盐、少量淡口酱油）
迷你西红柿　3个
浇汁（比例：汤汁12、料理酒2、料酒1、淡口酱油1、少量盐、适量水溶葛粉）

制作方法

❶ 冬瓜从1/3处切开，掏出果肉。在"盖子"上开两个孔，穿入绳子做成把手。

❷ 冬瓜肉切成1cm厚片，做成常春藤叶子造型，用刀刻出叶脉，再用白八方煮汁煮入味。

❸ 南瓜去皮，切成1cm厚片，做成团扇造型后用开水烫一下，再加入少量八方煮汁煮。

❹ 莲藕去皮，切成5~6mm厚的片，做成花藕。用淘米水烫过后，放进淡口八方煮汁中煮入味。

❺ 芋头上下部分切掉，剥皮后用淘米水稍烫，放进水中浸泡，再用八方煮汁煮入味。

❻ 胡萝卜去皮，雕刻成玉米形状。用牛奶或淘米水烫过后，放进八方煮汁中煮入味。

❼ 将甘薯切成1.5~2cm厚，做成牵牛

花造型，用刀划出花瓣，用八方煮汁煮入味。

❽ 去除芸豆上的线，用盐水煮熟。香菇用盐水稍烫。

❾ 去除凤尾虾的背肠，放进盐水中焯过后去壳。放进酒八方煮汁中煮开后关火。

❿ 迷你西红柿用开水烫去皮，用喷枪烤出焦痕。

⓫ 将切成薄片的白萝卜和胡萝卜做成八仙花，与八仙花叶子一同粘在冬瓜容器和盖子上做装饰，再将切成小块的黄辣椒粘在花中心。

⓬ 将南瓜、莲藕、芋头、胡萝卜、甘薯、冬瓜、虾、芸豆、香菇、迷你西红柿装入冬瓜容器，胡萝卜做的香鱼摆在中间。

⓭ 将浇汁的材料煮开，加入水溶葛粉勾芡，浇在食材上。散热后放进冰箱冷却。

南瓜浇汁菜

将小雕刻装饰制成的八方煮放进精心雕刻的南瓜里,让八方煮汁的味道融入南瓜中。

雕刻作品

- 南瓜点心盒
- 甘薯牵牛花
- 西葫芦树叶
- 冬瓜牵牛花叶

材料

● 南瓜八方煮
南瓜点心盒 1个
八方煮汁(比例:汤汁16、料酒1、淡口酱油0.8、少量盐)

● 甘薯八方煮
甘薯牵牛花 2个
八方煮汁(比例:汤汁10、料酒1、淡口酱油1、少量盐)

● 冬瓜八方煮
冬瓜牵牛花叶 2个
白八方煮汁(比例:汤汁10、料酒1、少量盐)

西葫芦树叶 1个
茄子 1个
凤尾虾 2条
鸡肉八幡卷(参见P89) 1cm厚,2个
浇汁(比例:汤汁12、料理酒2、料酒1、淡口酱油1、少量盐、水溶葛粉)

制作方法

❶ 将南瓜从上部1/4处切开，中心挖空，做成点心盒。开水烫后，加入少量八方煮汁蒸煮，入味后关火。

❷ 甘薯切成1.5~2cm厚，做成牵牛花造型，用刀划出花瓣，放进八方煮汁中煮。

❸ 将西葫芦竖着切开，做成树叶，用雕刻刀划出叶脉，中温油炸。

❹ 冬瓜切成1cm厚，做成牵牛花造型，用白八方煮汁煮至入味。

❺ 茄子去皮，中温油炸后切成适量大小。

❻ 凤尾虾去头、剥壳，用酒和盐煎。

❼ 将幼鸡八幡卷放进南瓜里，然后摆入虾、甘薯、茄子、西葫芦和冬瓜。

❽ 将浇汁的材料煮开，加入水溶葛粉勾芡，浇在食材上。

茄子烤肉

向茄子中倒入赤玉味噌，然后素炸。将茄子和烤牛肉混在一起吃，享受这两种味道在口中相互交融的感觉。

雕刻作品

● 茄子容器
● 胡萝卜梅花

材料

茄子容器　1个
赤玉味噌（比例：赤味噌250g、蛋黄5个、料酒50ml、料理酒50ml、糖75g）
芦笋　1根
八方煮汁（配料为汤汁10、淡口酱油1、料酒1、料理酒1）
和牛腿肉　500g
橄榄油　少量

百里香　2根
西红柿　1个
小水萝卜　适量
意大利香芹　适量

● 胡萝卜八方煮
胡萝卜梅花　1个
八方煮汁（比例：汤汁16、料酒1、淡口酱油0.8、少量盐）

制作方法

❶ 将赤玉味噌的材料放进锅中混合，小火煮。便用木铲搅拌，注意不要煮过头。至出现光泽、木铲搅不动的时候关火，过滤。

❷ 茄子挖空，做成容器，在表面雕刻花纹，倒入赤玉味噌，用180℃的油素炸。

❸ 剥掉芦笋根部的皮，去除叶鞘，切成适口大小，用开水稍烫，放入冷水中，再用八方煮汁腌入味。

❹ 将蒸气烤箱预热300℃，放入撒了盐和胡椒粉的牛肉块，烤七八分钟。橄榄油和百里香装入真空袋，用65℃烤箱烤60分钟，放进冰箱里冷却。

❺ 胡萝卜去皮，切成5~6mm厚，做成梅花状，用刀划出纹路。用牛奶或淘米水煮去味，然后用八方煮汁煮入味。

摆盘

将切成5~6mm厚的牛肉片摆入盘中。将茄子摆入盘中，再放入烤牛肉、芦笋拌菜、胡萝卜八方煮和西红柿。用小水萝卜片和意大利香芹作装饰。

章鱼醋拌菜

西葫芦可以做成长长的大容
器，看上去十分华美。

雕刻作品

- 西葫芦船
- 胡萝卜金鱼

材料

章鱼足 1个
什锦醋（比例：醋6、糖2、淡口酱
油1、料酒1、适量鲣鱼干）
青芋茎 1根
什锦汤汁（比例：汤汁13、淡口酱
油1、料酒1）
襄荷 1颗

甜醋（比例：水2、醋1、糖1、盐0.1）
西葫芦船 1个
胡萝卜金鱼 适量
迷你西红柿 1个
芒果果冻（市售）、柠檬、萝卜芽 各
适量

制作方法　　❶ 章鱼足用开水烫过后再用盐水清洗，然后切成适口大小，用什锦醋腌渍。

❷ 青芋茎剥皮，用加了醋的开水煮变色后放入冰水中。取出后控干水分，放进什锦汤汁中浸泡，入味后取出，切成2cm长。

❸ 将蘘荷放进开水中煮，捞出后放进浅筐中，撒上盐，用甜醋腌至变色。

❹ 西葫芦切成椭圆形，挖出果肉，做成船形，在切口处雕刻花纹。

❺ 胡萝卜去皮，切成1cm厚，做成金鱼形状，雕刻出眼睛和鱼鳍。

❻ 西葫芦船底摆入芒果果冻，再放入章鱼足、切成两半的迷你西红柿和青芋茎。

❼ 将切碎的蘘荷、做成银杏果的柠檬穿起来、用胡萝卜做装饰，再添上萝卜芽。

雕刻作品

● 甜瓜水果篮

水果宾治

鸡蛋花造型适合熟练的雕刻者。以红色果实作为中心，塞满水果和点心，缤纷的色彩更能衬托出节日的喜庆。

材料

甜瓜篮子　1个
甜瓜果冻
甜瓜果汁　100ml
糖　10g
用水泡发的明胶片　1片
蛋奶羹（蛋黄5个、糖100g、牛奶

100g、低筋面粉5g）
用水泡发的明胶片　1片，对应以
上所记蛋奶羹的材料分量
猕猴桃　适量
锦丝蛋皮　适量
西瓜　30g

草莓　5g
樱桃　5g
细叶芹　适量

制作方法

❶ 在甜瓜上部雕刻出花朵，然后在花朵周围划出圆形，用挖球器掏出果肉，做成容器。果肉先放在一旁。

❷ 向甜瓜果汁中加糖，用火烤至糖溶解后加入明胶片，溶解后倒入方盘中，放进冰箱冷却凝固成果冻。

❸ 将蛋奶羹配料中的牛奶加半份糖煮沸，将剩余的糖和蛋黄混合，加入筛过的低筋面粉搅拌，倒入半份牛奶，然后一起倒入煮牛奶锅中，大火煮成蛋奶羹。加入溶解的明胶，混合后倒入方盘中冷却凝固。

❹ 猕猴桃去皮后切成正方体，与切成同样形状的淡奶冻摆在一起，拼成格子形状，用锦丝蛋皮卷起来。

❺ 将1/4个草莓、切成适口大小的西瓜和甜瓜、樱桃、切成1cm厚的格子甜点与甜瓜果冻装进甜瓜容器中，用细叶芹做装饰。

雕刻作品

● 白萝卜容器

寿司萝卜锅

用萝卜作为盛放寿司的容器，既精致又美观。萝卜的白映衬出寿司的美，正是其魅力所在。

材料

白萝卜容器 1个
寿司醋（比例：醋10、糖7、盐2）
白米饭 200g
凤尾虾 1条
处理好的三文鱼肉 15g
处理好的高体鰤鱼肉 15g
处理好的金枪鱼赤身 15g
剑尖枪乌贼 15g
煮过的螃蟹腿 2根
紫菜 适量

处理好的比目鱼身 15g
蘘荷 1颗
甜醋（比例：水2、醋1、糖1、盐0.1）
树芽 适量

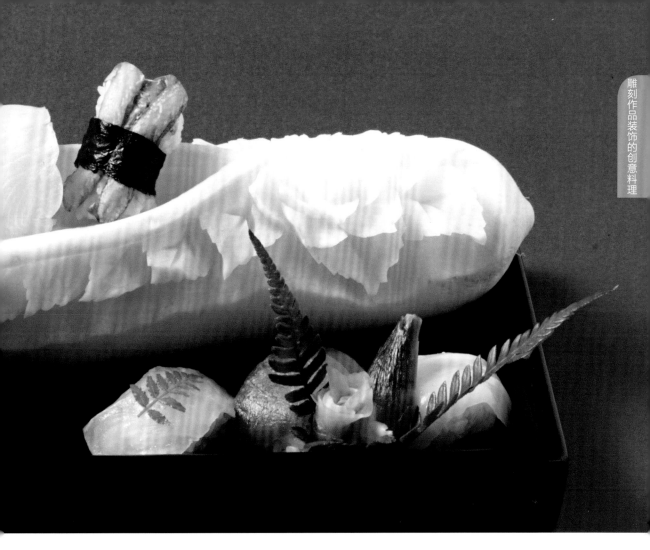

制作方法

❶ 将白萝卜做成椭圆形的容器，在切口处雕刻花纹。

❷ 将寿司醋的材料混合后煮开，静置一段时间后与白米饭混合做成寿司饭。

❸ 凤尾虾去头、剥壳，去除背肠，用盐水稍烫，切开腹部。

❹ 将三文鱼、高体鰤、金枪鱼、比目鱼和乌贼分别做成寿司。

❺ 将蟹肉做成寿司，用紫菜卷起。

❻ 蘘荷用开水中烫过后，放进浅筐中，撒上盐冷却，再用甜醋腌至变色。

❼ 将白萝卜容器摆盘，里面分别摆上用凤尾虾、三文鱼、高体鰤和蟹肉制作的寿司。

❽ 在萝卜前方摆上用比目鱼、金枪鱼、乌贼制作的寿司，添上甜醋腌蘘荷，在三文鱼和比目鱼上用树芽装饰。

西红柿葡萄炸蛋黄

可以连器皿一同享用的油炸料理。用辣椒厚片作为基座，更加稳固。

雕刻作品

● 土豆篮子

材料

甘薯篮子…1个
葡萄（先锋）…3个
迷你西红柿…1个
红辣椒…适量
黄身衣（蛋黄2个、水200ml、
鸡蛋10g、低筋面粉50g）

制作方法

❶ 甘薯去皮后切成两半，挖空至1cm
厚，雕刻成篮子。

❷ 葡萄去皮，迷你西红柿用开水烫去
皮，分别撒上薄面，浸入黄身衣中，
油炸。

❸ 红辣椒切成1cm厚的台子，将甘薯
摆在上面，中间放入炸好的葡萄和西
红柿。

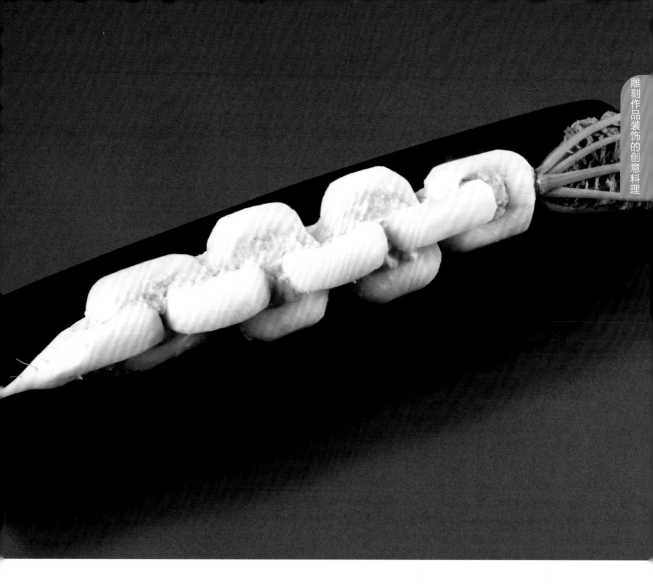

白萝卜锁链虾肉

用整根白萝卜制作的锁链，中间空洞部分用虾肉糜填满，放在八方汁中煮，成品风格粗犷豪爽。

雕刻作品

● 白萝卜锁链

材料

白萝卜锁链…1个
凤尾虾…30g左右、10条
山芋末…30g
道明寺粉…50g
淡口八方煮汁（配料为汤汁10、淡口酱油1、料酒1）

制作方法

❶ 白萝卜去皮，雕成锁链造型。

❷ 凤尾虾放进蒜臼中捣碎，加入山芋末和道明寺粉，放进淡口八方煮汁中搅匀。

❸ 将煮好的凤尾虾泥填进萝卜锁链的孔洞中，用淡口八方煮汁煮入味。

雕刻作品

- 胡萝卜结
- 胡萝卜毽子板
- 胡萝卜和白萝卜扇子
- 竹笋龟

正月的祝贺膳

主角是用竹笋雕成的长寿龟，搭配节日食物和正月的装饰。用八方煮汁煮制胡萝卜雕刻物和长寿龟，而白萝卜扇子则用醋熘。

材料

● 虾仁山芋卷

山芋　20g

寿司醋（比例：醋10、糖7、盐2）

凤尾虾　1条

煮汁（比例：汤汁4、料理酒2、淡口酱油0.6、浓口酱油0.4）

● 比目鱼龙皮海带卷

处理好的比目鱼身　80g

锦丝蛋皮　1片

甜醋腌姜丝（甜醋比例：水2、醋1、糖1、盐0.1）10g

龙皮海带　1片

● 胡萝卜八方煮

胡萝卜结、胡萝卜毽子板　各1个

胡萝卜扇子　2个

八方煮汁（比例：汤汁16、料酒1、淡口酱油0.8、少量盐）

● 醋熘白萝卜

白萝卜扇子　2个

甜醋（比例：水2、醋1、糖1、盐0.1）

● 凉拌蕾菜

蕾菜　适量

八方煮汁（比例：汤汁6、淡口酱油10、料酒1）

● 红白山芋球

山芋　20g

寿司醋（比例：醋10、糖7、盐2）

● 芥末腌海带鲱鱼卵

带有鲱鱼卵的海带　1个

山葵叶　适量

腌泡汁（比例：汤汁8、淡口酱油1、料酒0.5）

● 甜煮马蹄莲

马蹄莲　1个

煮汁（比例：汤汁10、料酒1、糖1.5、浓口酱油0.2、少量盐）

● 炖生麸

生麸梅子　1个

白八方煮汁（比例：汤汁2、料酒1、料理酒0.5、少量盐）

● 松叶黑豆

黑豆　3颗

糖水（水糖比例为2：1）

● 竹笋八方煮

竹笋乌龟　1个

糠、红辣椒　适量

八方煮汁（比例：汤汁12、料理酒1、料酒0.5、淡口酱油0.5、少量盐）

黑芝麻　2颗

制作方法

● 虾仁山芋卷

1. 蒸过的山芋用滤网过滤，和寿司醋混合调味，用栀子色素上色。

2. 去除凤尾虾的背肠，放进煮开的盐水中焯过后，去掉头、尾和壳，放进煮开的煮汁中烫一下，然后浸泡在冷却后的煮汁中。

3. 山芋切成适当大小的圆形，再将切片的虾摆在上面揉捏。

● 比目鱼龙皮海带卷

1. 比目鱼上身削薄，用白板海带夹住，做成海带腌鱼。

2. 将比目鱼摆在龙皮海带上，用锦丝蛋皮和甜醋腌姜丝做心，从一端卷起。静置一段时间，入味后切成1cm厚。

● 胡萝卜八方煮

1. 胡萝卜去皮，切成5~6mm厚，做成胡萝卜结、毽子板和扇子造型。用刀在毽子板和扇子上划出花纹。

2. 雕刻好的胡萝卜用牛奶或淘米水煮去其特有的臭味，用八方煮汁煮入味。

● 醋熘萝卜

1. 白萝卜去皮，切成5~6mm厚的圆片，再切成扇形，用刀划出花纹。

2. 雕刻好之后下锅煮，注意不要煮太软，取出后散热，用甜醋腌渍。

● 凉拌蕾菜：蕾菜的穗整齐后下锅稍烫。取出后在冰水中放置一段时间，控干水分后浸入八方煮汁中。

● 红白山芋球：将蒸好的山芋用滤网过滤，混合寿司醋调味。半份用食用红色素上色。将两种颜色的山芋混合揉成球。

● 芥末腌海带鲱鱼卵

1. 将带有鲱鱼卵的海带去盐后切片。山葵叶切成适口大小，放入盛有开水的密封容器中静置一段时间。

2. 混合腌泡汁的材料和调味料，煮开后关火，静置一段时间，放入海带腌渍。

● 甜煮马蹄莲：将马蹄莲放进开水中煮，去涩后用煮汁慢慢煮至入味。

● 炖生麸：将梅花造型的生麸用白八方煮汁煮入味。

● 松叶黑豆：黑豆用水泡软。控干水分后用糖水煮至变色，然后穿在松叶上。

● 竹笋八方煮

1. 在竹笋上竖着划出痕迹，与糠和红辣椒一起煮去涩味。

2. 竹笋去皮，做成龟的造型。放进八方煮汁中慢慢煮。

3. 擦去水分后，用喷枪烤出甲壳模样。粘上黑芝麻，做成眼睛。

盛盘

1. 在托盘中摆上拱桥形状的容器，左边格子摆放虾仁山芋卷、比目鱼龙皮海带卷、和胡萝卜结八方煮；中间摆放红白山芋球、胡萝卜和白萝卜扇子、凉拌油菜花、穿在牙签上的芥末腌海带鲱鱼卵；右边摆放炖生麸、甜煮马蹄莲、松叶黑豆。

2. 在托盘前方摆放竹笋八方煮、胡萝卜和白萝卜扇子、胡萝卜毽子板。

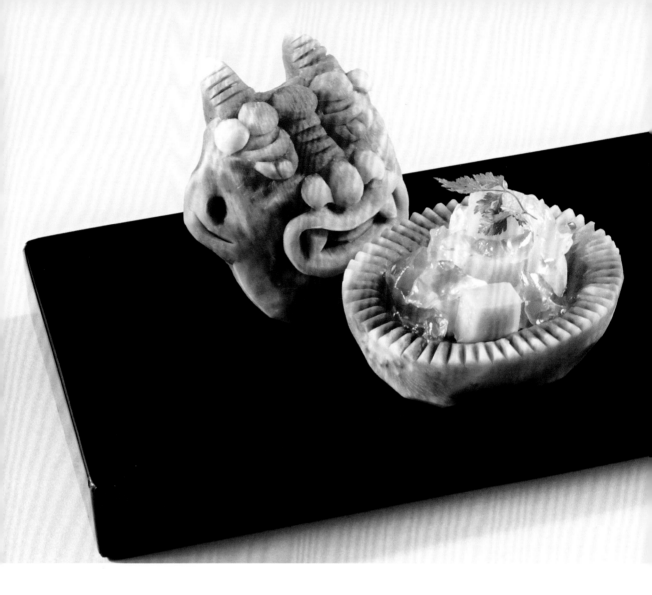

材料

心里美萝卜面具　1个
白萝卜斗　2个

● 黑喉鱼砧卷
处理好的黑喉鱼身　15g
白板海带　适量
白萝卜　80g
胡萝卜　15g
刚发芽的萝卜　适量

● 土佐醋冻
土佐醋（比例：汤汁15、醋3、
料酒1.5、淡口酱油1.5、糖1、少
量盐、鲣鱼干）
用水泡发的明胶片　每500ml土
佐醋1片

● 黄身醋冻
黄身醋（每15ml醋配5个蛋黄、
1大勺糖、5ml淡口酱油）
汤汁　每50ml黄身醋配100ml
汤汁
用水泡发的明胶片　每50ml黄身
醋1片

● 青芋茎拌菜
青芋茎　1根
什锦汤汁（比例：汤汁13、淡口
酱油1、料酒1）

● 糖水煮黑豆
黑豆　5颗
糖水（水糖比例为2：1）

● 糖水渍黄西红柿
黄西红柿　1个
糖水（水糖比例为2：1）

● 甜醋腌蘘荷
蘘荷　1颗
甜醋（比例：水2、醋1、糖1、盐0.1）
凤尾虾　1条
章鱼足　20g
处理好的鲷鱼身　15g
细叶芹　适量

节日的醋拌凉菜

雕刻作品

● 心里美萝卜面具
● 白萝卜斗

用心里美萝卜雕刻的面具和盛放豆子的方斗，最能烘托出节分的节日气氛。用喉黑砧卷代替惠芳卷，放进心里美萝卜做成的器皿中。

制作方法

● 心里美萝卜鬼面和萝卜斗

1. 心里美萝卜切成两半，其中一半掏空后做成容器，另一半做成面具。
2. 白萝卜切成四方块，挖空中心做成斗。

● 黑喉鱼砧卷

1. 黑喉鱼削成薄片，用白板海带夹住，腌30分钟。
2. 白萝卜切成6~7cm宽、20cm长的带状。将胡萝卜切成和萝卜一样宽的带状，分别用盐泡软。
3. 切好的胡萝卜和萝卜叠放，胡萝卜在上，再将用腌好的黑喉鱼摆在手边。将刚发芽的萝卜摆在中心，从手边开始卷起，卷好后切成2cm厚。

● 土佐醋冻和黄身醋冻

1. 将溶解的明胶放入土佐醋中，混合后倒入方盘中，放进冰箱中凝固。
2. 每50ml黄身醋加入100ml汤汁，再加入溶解后的明胶混合，倒入方盘中，放进冰箱凝固。

● 配菜

1. 青芋茎去皮，置入加了醋的开水中烫变色，然后置入冰水中一段时间，取出后浸入什锦汤汁中腌入味，切成2cm长。
2. 黑豆用水泡软，再用糖水煮入味。
3. 黄西红柿用开水烫掉皮，煮开后浸入糖水中腌一晚。
4. 囊荷用开水中煮后放进浅筐中，撒上盐，冷却后用甜醋腌至变色。

最后一步

1. 凤尾虾去头、剥壳，用料酒煎。
2. 用盐水煮章鱼，然后切成适口大小。
3. 在鲷鱼皮上竖着划几道，鱼皮朝上摆在案板上，先浇开水，再浇冰水，然后切片。
4. 黑喉鱼卷放在心里美萝卜容器上，上面摆放土佐醋冻。将黄身醋冻切成直径1.5cm的方块，摆在上面，细叶芹摆在最上面，整体放入盘中，用心里美萝卜鬼面做装饰。
5. 将虾、鲷鱼、青芋茎塞进一个白萝卜斗中，穿上甜醋腌囊荷。然后摆上糖水煮黄西红柿，将细叶芹摆在最上面。
6. 将黑豆盛入另一个白萝卜斗中，将两个斗都摆入盘中。

雕刻作品

- 白萝卜日本天皇
- 胡萝卜日本皇后
- 胡萝卜枫叶
- 柿子和薄荷做的橘子

女儿节什锦寿司

菱形的什锦寿司做成人偶的装饰。左右各摆上樱花和橘子的雕刻物，更显高雅。

材料

白萝卜日本天皇　1个
胡萝卜皇后　1个
白米饭　150g
寿司醋（比例：醋10、糖7、盐2）
凤尾虾　1条
西蓝花　10g
香菇　1个
处理好的三文鱼身　15g

处理好的鲷鱼身　15g
贝柱　1个
蘘荷　1颗
甜醋（比例：水2、醋1、糖1、盐0.1）
锦丝蛋皮　1个
树芽、胡萝卜、柿子、薄荷叶各适量

制作方法

❶ 白萝卜和胡萝卜去皮，分别做成日本天皇和皇后形状。用胡萝卜制作天皇手上的笏板，用白萝卜制作天后手上的扇子。

❷ 将寿司醋的材料混合后煮开，放置一段时间后，和白米饭混合做成寿司饭。

❸ 凤尾虾去头、剥壳，去除背肠后用盐水煮。

❹ 将西蓝花掰开，香菇去蒂后分成4等份，分别用盐水稍烫。

❺ 三文鱼和鲷鱼削成片。用喷枪喷烤贝柱表面。

❻ 蘘荷用开水烫，捞出后放进浅筐中，撒上盐静置冷却，然后用甜醋腌至变红。

❼ 半份寿司饭在盘中摆成菱形，放入半份锦丝蛋皮，再将剩下的寿司饭和锦丝蛋皮叠在上方。上面摆上三文鱼、鲷鱼、贝柱、香菇、菜花、甜醋腌蘘荷，用树芽装饰。

❽ 将人偶放在台子上，摆入盘中。

❾ 胡萝卜去皮后切成7mm厚的圆片，做成樱花造型。柿子去皮后做成1cm的球形，放上薄荷叶。在寿司饭左右两侧摆上胡萝卜樱花和柿子做装饰。

雕刻作品

- 西葫芦头盔
- 胡萝卜鲤鱼旗
- 黄瓜青蛙
- 黄瓜牵牛花
- 白萝卜网

五月节的寿司拼盘

最适合端午节的作品。两种颜色的萝卜雕成的鲤鱼旗，在萝卜网的风幡间游弋。

材料

西葫芦头盔　1个
胡萝卜、沙拉胡萝卜鲤鱼旗　各
1个
黄瓜青蛙　1个
黄瓜牵牛花　2个
白萝卜网　1个
处理好的高体鰤鱼肉　30g
处理好的金枪鱼肉　30g

处理好的鲥鱼身　40g
处理好的海鳗鱼身　40g
蝾螺　2个
海胆　30g
青紫苏　1片
黄瓜、代代酸橙、心里美萝卜
各适量

制作方法

❶ 西葫芦中间掏空，做成头盔。分别将胡萝卜、沙拉胡萝卜剥皮，做成鲤鱼旗。

❷ 黄瓜横着切开，做成牵牛花和青蛙形状，再用刀划出花纹。

❸ 白萝卜切成带状，浸入盐水中泡软后折叠成四五厘米宽，间错划开，展开成网状。

❹ 高体鰤切片，金枪鱼切块。

❺ 鲥鱼表面浇开水，然后置入冷水中。

❻ 切好的海鳗留下一片鱼皮，斩断骨头，切成3cm左右，用开水烫开后放进冰水中，取出，控干水分。

❼ 将蝾螺从壳中连同肠子一并取出，剥下肠子，去除鳍和嘴。撒上盐揉搓，然后用水清洗。打开沙袋取出内脏，切片。将蝾螺壳清洗干净，蝾螺肉摆在切成薄片的黄瓜上。

❽ 在盘中铺满冰块，将西葫芦头盔摆在最后方，中间摆上海鳗。

❾ 鲥鱼摆在小盘中，添上切成扇形的代代酸橙。将步骤8的食材摆在盛放海胆、蝾螺和鲥鱼的小盘中，铺上青紫苏叶子，摆上高体鰤和金枪鱼。

❿ 将白萝卜网一端扎起，用竹扦支起，散开铺在盘中，然后摆入鲤鱼旗雕刻。

⓫ 用黄瓜牵牛花叶、黄瓜青蛙、切片的心里美萝卜和螺旋状的黄瓜装饰。

雕刻作品

- 冬瓜圣诞树
- 辣椒容器
- 辣椒星星

圣诞节烧烤

在掏空了的冬瓜里埋入圆形的辣椒，再装上小型LED灯。点亮后，光线透过辣椒射出，整体造型宛如美丽的彩色圣诞树。

材料

● 鸡肉八幡卷（简易制作的分量）

鸡腿肉　1块
牛蒡　20g
胡萝卜　20g
煮汁（比例：汤汁12、酒1、料酒1、
浓口酱油0.5、少量糖）

冬瓜圣诞树　1个
红、黄、橙色辣椒容器　各1个
凤尾虾　1条

茄子　20g
芸豆　1颗
青芋茎　1棵
什锦汤汁（比例：汤汁13、淡口酱
油1、料酒1）
和牛里脊　30g
红洋葱片　10g
沙拉生菜　3片
心里美萝卜、萝卜芽、枸杞　各适量
瞿麦花　适量

制作方法

● 鸡肉八幡卷

1. 牛蒡和胡萝卜切成和鸡腿肉一样长短的方形，分别下锅煮。

2. 去除鸡肉上多余的皮脂，从中间朝两边稍稍划开，撒少许盐和小麦粉。将牛蒡和胡萝卜叠起来做成格子状，然后卷成柱状，用章鱼绳捆住。

3. 向平底锅中倒油，放入全部食材放入，烤变色后擦去溢出的多余脂肪。

4. 将煮汁的材料加入锅中，小火煮15分钟。将食材浸入煮汁中，入味后取出，控干水分，切成1cm的圆形。

● 冬瓜圣诞树和辣椒容器

1. 从冬瓜尾部入刀，掏出果肉，塞入LED灯，表面做成圣诞树的模样。

2. 辣椒去子，分别做成郁金香形状。切除的部分做成星星和圆形。

3. 在冬瓜树上开圆孔，填入同样大小的红、黄辣椒圆。用牙签将黄辣椒星星插在树顶。

最后一步

1. 凤尾虾去壳，用料酒煎。

2. 将茄子切成1cm的圆片，中温油炸。

3. 去除芸豆上的线，用盐水煮过后切成适量大小。

4. 青芋茎去皮，放进加了醋的开水中煮变色，再放进冰水中，冷却一段时间后浸入什锦汤汁中腌渍。

5. 牛肉切成1cm厚，撒上盐和胡椒粉，在平底锅中用色拉油翻烤。

6. 将红洋葱片装进辣椒里，铺上沙拉生菜。在红辣椒中放入凤尾虾、素炸茄子和芸豆，用黄辣椒星星装饰。

7. 在黄辣椒中放入切好的牛肉。再将心里美萝卜切片，做成小三角形，撒在里边。用萝卜芽和红辣椒星星装饰。

8. 在橙色辣椒中放入切成鸡肉八幡卷，再将拌好的青芋茎和枸杞摆在顶端。用瞿麦花做装饰。

9. 冬瓜圣诞树摆入盘中，点亮里面的LED灯，再摆入3种辣椒郁金香。

雕刻作品

- 西瓜庆生锅
- 胡萝卜花

| 生日宴水果拼盘 |

文字和玫瑰图案组成的豪华雕刻装饰。填入表皮和
果肉颜色完全不同的果物，色彩层次更加丰富。

材料

庆生西瓜　1个

● 豆奶布丁

豆奶　200ml
糖　50g
鸡蛋　5个
用水泡发的明胶片　1片

● 糖水煮胡萝卜

胡萝卜康乃馨　3朵
糖水（水糖比例为1∶1）
薄荷　适量

● 糖水煮水果

无花果　50g
橘子　30g
葡萄（巨峰）　5个
迷你西红柿（红、黄）　各2个
糖水（水糖比例为10∶1）
柠檬片　2片

制作方法

❶ 西瓜从上部1/3处切开，完整挖出果肉，在"盖子"表面雕刻。

❷ 混合、过滤豆奶布丁的材料，蒸至凝固，散热后放进冰箱冷藏。

❸ 将水果和迷你西红柿放进加了柠檬的糖水中煮，取出后散热，放进冰箱冷藏。

❹ 胡萝卜去皮，做成康乃馨造型，用牛奶或淘米水煮去味，再用糖水煮。入味后取出散热，放进冰箱冷藏。

❺ 无花果去皮，切成扇形，葡萄和迷你西红柿切成两半，用挖球器将豆奶布丁做成圆形。

❻ 将水果、迷你西红柿和豆奶布丁装进西瓜容器中，用薄荷装饰。

❼ 摆盘后，将西瓜盖子搭在边上，添上胡萝卜康乃馨。

雕刻作品

- 西瓜装饰
- 胡萝卜龟
- 切成螺旋状的黄瓜

祝寿宴寿司拼盘

喜庆的鲷鱼刺身搭配雕刻了"寿"字的西瓜，使寿宴的气氛更加浓厚。可以根据情况改变雕刻文字，制作独一无二的装饰。

材料

西瓜装饰物　1个
鲷鱼　1条
处理好的秋刀鱼身　30g
凤尾虾　2条
处理好的鲣鱼身肉　40g
处理好的三文鱼鱼肉　40g

菊花、青紫苏、海藻面　各适量
酸橘　1个
胡萝卜龟　2个
螺旋状的黄瓜　适量

制作方法

❶ 将西瓜底部轻轻切开做成台子，贴上印有"寿"字的纸，刻出"寿"字，并在周围雕刻，映出果肉的红色。

❷ 鲷鱼切成3片，留下整条鱼骨。鱼皮朝上摆在案板上，端起案板斜着浸入开水中烫一下，然后立即放进冰水中。控干水分后削成片。

❸ 用醋腌渍秋刀鱼身，切成彩纸一样的正方形。

❹ 去除凤尾虾的背肠，剥去虾壳，留下头尾。先将头、尾用开水烫至变色，然后整个放入开水中，再放进冰水中，取出后控干水分。

❺ 鲣鱼和三文鱼分别切成方块。

❻ 菊花放进加了醋的开水中烫，然后再放进冰水中，取出后控干水分。

❼ 西瓜摆在盘中，鲷鱼骨摆在木板上，铺上青紫苏叶子，盛入鲷鱼刺身。

❽ 将秋刀鱼、鲣鱼、三文鱼和凤尾虾分别摆在三处，搭配好色彩，添上切半的酸橘、菊花和海藻面。

❾ 用切片后做成长寿龟造型的胡萝卜和螺旋状的黄瓜装饰。

雕刻作品

● 鲷鱼和金枪鱼的玫瑰造型

● 南瓜树叶

祝贺宴寿司

在米饭上摆放玫瑰状的刺身和各种彩色的蔬菜，像花卉一样。推荐在六十大寿等庆祝场合使用。

材料

栗子　3个
糖水（水糖比例为2：1）
栀子果实　适量
胡萝卜枫叶　5个
南瓜树叶　3个
八方煮汁（比例：汤汁16、料酒、淡口酱油0.8、少量盐）
襄荷　1颗
甜醋（比例：醋10、糖7、盐2）
白米饭　1碗

处理好的高体鰤鱼身　50g
处理好的金枪鱼瘦肉　50g
处理好的鲷鱼身　50g
章鱼足　1根
凤尾虾　5条
黄瓜　1根
秋葵　适量
心里美萝卜　适量
青紫苏　适量

制作方法

❶ 栗子在水中泡一夜后剥皮，与栀子果实一同用糖水煮入味。

❷ 胡萝卜去皮，切成5~6mm厚的圆片，做成枫叶状，用刀划出叶脉，用牛奶或淘米水煮去味，用八方煮汁煮入味。

❸ 南瓜去蒂，切成5~6mm厚，做成树叶造型。用刀划出叶脉后，剥去一部分皮，放入倒有少量八方煮汁的锅中煮，入味后关火。

❹ 襄荷用开水中烫后放进浅筐中冷却，再用甜醋腌至变色。

❺ 将寿司醋的材料混合后煮开，静置冷却后和白米饭拌在一起做成寿司饭。

❻ 高体鰤、金枪鱼和鲷鱼分别削成片。将数片鱼肉重叠卷起，从上部打开，做成玫瑰。

❼ 将寿司饭摆在盘中心，旁边围上切片的黄瓜。

❽ 在黄瓜外侧摆糖水煮栗子，胡萝卜枫叶。凤尾虾去掉头和壳，用料酒煎过后间错摆放。

❾ 青紫苏铺在寿司饭上，摆上玫瑰状的高体鰤、金枪鱼和鲷鱼。

❿ 摆入南瓜树叶、切成薄片的心里美萝卜和秋葵、切碎的章鱼足及甜醋腌襄荷。

雕刻作品

● 胡萝卜金鱼
● 冬瓜常春藤

夏日什锦寿司

汇集了海鳗、凤尾虾、煮星鳗等人气海产品。寿司上覆盖的白萝卜网，加上游弋的"金鱼"，整个作品充满了夏天的味道。

材料

处理好的海鳗身　30g

● 煮康吉鳗鱼

处理好的康吉鳗鱼身　30g
煮汁（比例：汤汁10、料理酒1、料酒1、浓口酱油0.5、糖0.2）
凤尾虾　3条
处理好的金枪鱼身　30g

胡萝卜八方煮

胡萝卜金鱼　2个
八方煮汁（比例：汤汁16、料酒1、淡口酱油0.8、少量盐）

● 冬瓜八方煮

冬瓜常春藤叶　3个
白八方煮汁（配料为汤汁12、料理酒1、料酒1、少量盐）

白萝卜网　1个
白米饭　100g
寿司醋（比例：醋10、糖7、盐2）
锦丝蛋皮　1个
迷你西红柿　3个
蚕豆　3个
心里美萝卜薄片、萝卜芽、细叶芹　各适量

制作方法

❶ 海鳗切片，一片鱼身上留有鱼皮，斩断骨头，切成3cm长，用喷枪在两面烤出焦痕。

❷ 康吉鳗鱼切片，用菜刀刮去皮上的黏液。烧开煮汁，放入康吉鳗鱼。盖上盖子，煮约20分钟。煮软后放在浅筐中晾晒，然后切成约1cm长。

❸ 凤尾虾去除背肠，放进加有少量盐的开水中焯过后剥壳。放进酒八方煮汁中，煮开后关火。金枪鱼切成方块。

❹ 胡萝卜去皮后切成1cm厚的块，做成金鱼造型，用刀划出鳍和眼睛。然后用牛奶或淘米水中煮去味，用八方煮汁煮入味。

❺ 冬瓜切成1cm厚，做成常春藤叶子造型，用刀划出叶脉，放进白八方煮汁中煮入味。

❻ 白萝卜切成带状，用盐水泡软后折叠成四五厘米，间错划开，展开成网状。

❼ 寿司醋的材料混合后煮开，静置冷却后和白米饭混合做成寿司饭。

❽ 将寿司饭摆入盘中，打入锦丝蛋皮。摆入金枪鱼、虾、海鳗、煮康吉鳗鱼、冬瓜八方煮、切成两半的迷你西红柿、用盐煮过的蚕豆，搭配好颜色。

❾ 用心里美萝卜薄片、萝卜芽和细叶芹装饰，盖上白萝卜网，再摆上胡萝卜金鱼。

西瓜嘉年华

雕刻有纤细花边的西瓜，填入多彩的水果。闪闪发亮的橘子果冻让整
个作品更显华丽。

雕刻作品

● 西瓜容器

材料

西瓜容器　1个
西瓜汁　500g
糖　100g
用水泡发的明胶片　1片
草莓　5个
橘子　1个
猕猴桃　1个
樱桃　5个
薄荷叶　适量

制作方法

❶ 将西瓜上部完整地取下，挖出果
肉，雕刻后摆入盘中。

❷ 向西瓜汁中加糖，煮至糖溶解后加
入明胶片，待明胶片溶解后倒入方盘
中，放进冰箱里冷却凝固，做成果冻。

❸ 将切成四等份的草莓、剥去薄膜切
成适口大小的橘子、切成扇形的猕猴
桃、樱桃与西瓜果冻摆在一起，用薄荷
叶装饰。

食材
切雕的技法

食材切雕的基本常识

◆ 雕刻用的工具

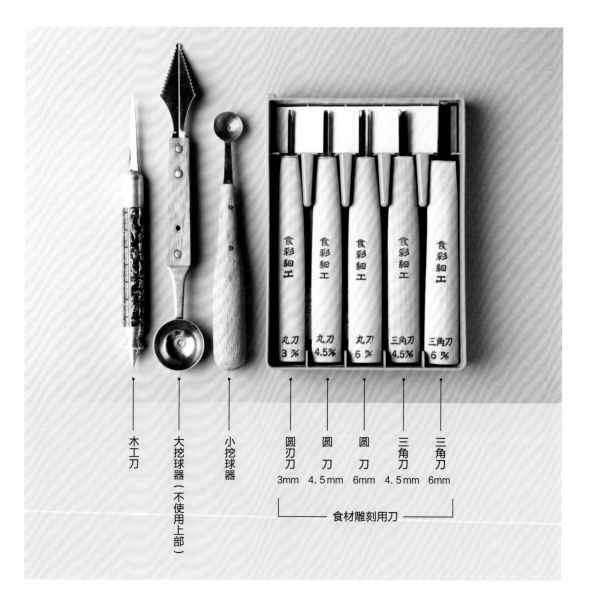

木工刀

大挖球器（不使用上部）

小挖球器

圆刃刀 3mm

圆刀 4.5mm

圆刀 6mm

三角刀 4.5mm

三角刀 6mm

食材雕刻用刀

除了木工刀外，还有专用的雕刻刀。这种刀的刀刃比木工用的刀更薄，可以调节角度，刻得更深，也更容易雕刻纤细的蔬菜和水果，不易失手。制作容器时，可以使用能够挖出果肉部分的挖球器。

◆ 刀具的拿法和基本使用方法

木工刀

中指放在刀刃扁平的部分，用拇指捏住，食指搭在边上，依靠中指来控制。

雕刻刀

用中指和拇指捏住，食指放在刀柄上。依靠中指来控制，食指只是搭在边上。

◆ 正确的操作姿势

使用所有刀具时都一样。目视食材整体，背部挺直，将食材放在胸前，用手转动进行雕刻，因为刀的位置一旦改变，雕刻部分很容易参差不齐。要点是将身体和刀保持在固定位置，一边移动材料一边雕刻。

◆ 刀具的使用方法

削皮刀

开始制作前，调整食材形状时使用削皮刀。由于一旦切坏便无法恢复，所以需要谨慎，按照刮圆和削切的要领慢慢进行。

用于在制作时将多余部分剔除。

圆刀（6mm）

切口呈圆形，最适合雕刻花朵。食材用的雕刻刀比木工雕刻刀的刀刃更加锋利，只需向前滑动刀刃，就能雕刻出合适的厚度。

圆刀（4.5mm）

较窄的圆刀是雕刻小花时的利器。雕刻花朵时，与6mm的圆刀搭配使用，可以通过改变花朵的尺寸让雕刻物更加逼真。

三角刀

刀刃前端呈V字形，带有很深的折痕。相比小刀，更容易划出带有立体感的粗线。

挖球器

需要制作灵巧的工艺品或需要挖出植物籽时使用。挖到一定程度时，最后一点点划过表面，可以使表面更加光滑。

木工刀

刀刃较细，前段较尖。可以像美工刀一样划出细长的线条。

在雕刻细小花纹时使用。刀刃立起时刻痕较深、刀刃横着时刻痕较浅，适用场合很多。拿刀的手尽量不要动，一边移动食材一边下刀，能够划出均匀的痕迹。

食材切雕的基本技巧

|萝卜菊花|

材料：心里美萝卜

用心里美萝卜制作的圆形菊花。虽然看起来十分复杂，但制作时只需要重复同样的步骤，因此不是很难。适合新手练习、掌握雕刻刀和木工刀的使用方法。

1 将萝卜上部的1/3切下。

2 切口朝下，用削皮刀竖着将皮削掉。严禁
转着削皮，会减小萝卜的半径。

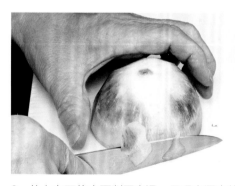

3 从上向下将表面削至光滑，呈现出漂亮的
半圆形。使用心里美萝卜时，使其露出淡
淡的粉色，这样制作出的花瓣更加层次
鲜明。

4 切口朝上，从边缘下方约5mm处下刀。
根据刮圆的要领，斜着用刀，切出中间
浅、边缘深的效果。

5 保持刀的角度，旋转切一周。

6 完成后中心较高，缓缓地向边缘倾斜，方
便进行后面的步骤。

7　换用6mm的圆刀，从边缘向中心推。尽量从最外部下刀，切得几乎透明。

10　用同样的方法做出一周花瓣。持刀的手位置不变，边转动萝卜边下刀，这样花瓣的厚度和角度会更加均匀。

8　向着中心推2cm左右。食材雕刻刀比木工刀的刀刃角度大，所以只凭着刀刃向前推，就能取得合适的角度。

11　从侧面看的样子。朝着中心，切口越深，花瓣也就越厚。

9　用同样的方法在旁边做出另一片花瓣，此时也要注意，直着向中心推。

12　剩下最后3片时，要注意花瓣的宽度，最后的切口要能够和最初的切口吻合。

13　换用木工刀，从边缘处5mm以下的位置
　　下刀。从花瓣下方斜着向上切入。

16　转动一周后，去除不要的部分。

14　保持刀的角度不变，将萝卜转动一周。

17　从侧面看，中间高，朝边缘缓缓倾斜。
　　如果没有这样的坡度，很难着手进行下
　　一步，所以制作时需要注意刀的角度。

15　从合适的角度下刀，切下的部分会自动
　　剥落。

18　按照步骤7的方法用6mm的圆刀下刀。
　　第2层花瓣要和第1层互相交错。

19 将萝卜另一侧稍稍放平，然后做出第2层的花瓣。如果像第1层那样将萝卜立起，则有可能做不出好看的半圆形花朵。

22 从侧面看，与制作第1层时相比，坡度更陡。

20 按照步骤13的方法，用木工刀沿着边缘5mm处切一周。这时横着拿萝卜会更容易切入。

23 用同样的方法制作第3层花瓣。拿着萝卜的手放平，角度要比之前更大。

21 用木工刀将不需要的部分切除。

24 用木工刀剔除第3层多余的部分，然后用同样的方法制作第4层。每增加1层都要改变萝卜的角度，才能做出好看的半圆形。

25　制作完第5层的花瓣后，将萝卜倒过来。

26　用木工刀将上层刮平。

27　使顶部和侧面垂直，做成漂亮的圆柱体。

28　萝卜顶部朝着自己，用6mm的圆刀制作
　　第6层花瓣。这时要注意将萝卜朝着手
　　边的方向倾斜，这样做出的花瓣会朝向
　　内侧，更显真实。

29　保持角度，将萝卜旋转雕刻一周。

30　从上部内侧5mm处，用木工刀斜着
　　切入。

31 保持角度旋转一周，剔除不需要的部分。

34 用同样的方法制作剩余3层花瓣。每增加1层，都要让萝卜的角度更加倾斜。

32 让萝卜的角度进一步朝着自己的方向倾斜，用同样的方法，使用4.5mm的圆刀制作花瓣。4.5mm的圆刃刀比6mm的刀刀身更短，制作时要将刀刃送进更深处。

35 中心直径剩下5~7mm时，改用3mm的圆刀，朝着中心刺一周，做出细小的花瓣。

33 按照步骤30的方法，用木工刀将一周多余的部分切除。

36 如果想要制作完成度更高的作品，就用木工刀从中心插入，将中心部分剔除。

别有意趣的蔬果雕刻

|茄子茶叶筒|

材料：茄子

挖空中心，制作成2个容器。可以当作小钵或调料罐使用。可使用三角刀，刻出直线花纹。

1 从茄子蒂一端大约1/3处切开，再将下部
平整地切掉。

2 用5mm的三角刀从下向上斜着下刀。

3 每隔5mm竖着切一刀。太过用力就会改
变深度，所以尽量轻轻下刀，是让完成品均
匀且美观的诀窍。

4 用挖球器将中间的茄肉挖出，深度与需要
放入的料理一致。

5 用木工刀将茄子蒂一端多余的部分切除，
整理好形状。

6 横着下刀，将茄子蒂一圈的皮切掉，做成
好看的帽子形状。

7 用5mm的三角刀竖着划向茄子蒂一端。

8 将茄子蒂内侧的肉轻轻挖出，会更加方
便。雕刻完成后放入水中浸泡，除涩并固色。

|黄瓜竹子|

材料：黄瓜

日本料理中必要的装饰。如果用菜刀制作，不仅费时费力还考验技术，而使用雕刻刀可以轻松完成。一般是将上部挖空，作为调料罐使用。

1 在黄瓜蒂一端的1/3处，用5mm的三角刀绕着黄瓜划一周，然后在旁边2~3mm处再划一周。

2 在步骤1中划出的痕迹下方5~6cm处划出第二道竹节纹。

3 换用6mm的圆刀，从划痕下方1~1.5cm处，纵向划出细长的竖线。让竖线互相重叠，划切一周。

4 竹节另一侧同理。

5 另一处划痕的两侧同样划出竖线。

6 用菜刀将黄瓜下部斜着切下，上部则平着切下。

7 用挖球器将斜切一侧的黄瓜肉挖出。

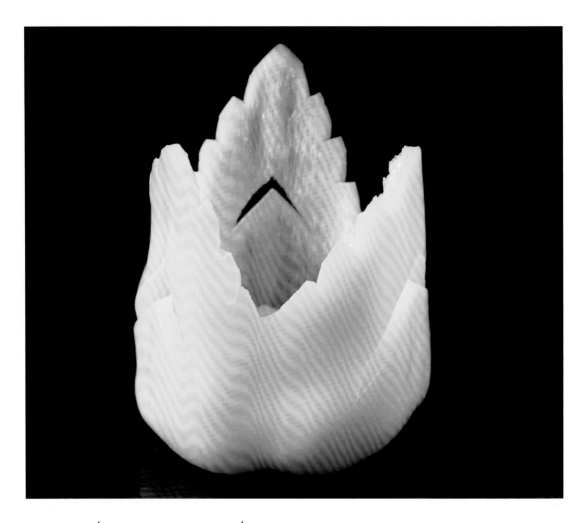

辣椒郁金香

材料：辣椒

柔软且中空的辣椒最适合制作雕刻作品。可以放入料理，也可以放入LED灯，制造出浪漫的餐桌氛围。

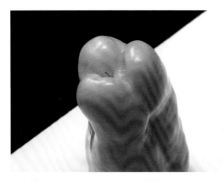

1　选择底部有3个凸起的辣椒。

2　从下部1/3处切开。

3　用木工刀从切口一侧辣椒的的凹陷处下
　　刀，划至整体的2/3处。

7　用小刀从切口下方2cm处划出同样的
　　山形。

4　从切口旁横向2cm处斜着切入，切掉多余
　　部分。另一侧同理，将切口做成山形。

8　用小刀从山形顶点下方5mm处，朝两侧
　　划出细细的三角形。

5　用同样的方法处理其他凹陷处，将切口做
　　成花瓣状。

9　另一侧同样划出细细的三角形，做成倒
　　V形的窗口。所有花瓣都做出同样的窗口。

6　用挖球器掏空辣椒内部。特别厚的部分用
　　小刀将内侧削平整。

10　在花瓣的边缘处切出数个三角形，做成
　　　锯齿状。

西葫芦容器

材料：西葫芦

用长长的西葫芦做成椭圆形的容器，将食物盛在里边。素炸西葫芦也可以作为料理的一部分。

1 用木工刀切下一半深度的椭圆形瓜肉。尽量将瓜皮带伤的部分切除。

2 用挖球器去除西葫芦的种子。

3 从椭圆形长弧线的中央开始，在边缘处每隔7mm划出一个小三角形。

4 注意控制间隔和形状，这样做出来的成品更美观。制作时不要移动雕刻刀，要边移动西葫芦边制作。

5 在山形下方3mm处划出圆形。

6 在两个圆形之间划出菱形。

7 在菱形下方3mm处划出新月形。

8 然后在新月形外侧3mm处，划出更细的新月形。所有山形的下方都做出同样的图案。

苹果网篮

材料：苹果

将料理盛放在苹果底部，然后用网篮形的顶部罩住，生动有趣。也可以用其他圆形的蔬菜水果制作。

1 将苹果从底部1/5处切开，小块的部分作为容器的底部。

2 用挖球器剜除果肉，边缘留下1cm的厚度。苹果容易变色，技术还不熟练时，可以浸在盐水里雕刻。

3 用木工刀将边缘部分削平滑。将厚度保持在容易雕刻、挖空后能够隐隐看到内部的程度。

4　在苹果上部的一边雕刻边长1.5cm的菱形窗口。先划出2cm的直线切口，再以这条直线为中轴划出两个等腰三角形，这样可以做出左右对称的菱形。

7　间隔5mm，制作第2层菱形窗口。

5　以苹果蒂为中心，沿着两条垂直对角线方向，做出4个菱形窗口。制作时注意左右对称，同时要注意下刀的角度，若角度不对则很难做成镂空状。

8　制作时要注意菱形整体的分布情况。

6　在4个菱形之间再做4个菱形。制作时要注意保持均等的间距。

9　在菱形间雕刻出细小的水滴状图案，注意此时不要将苹果切透。

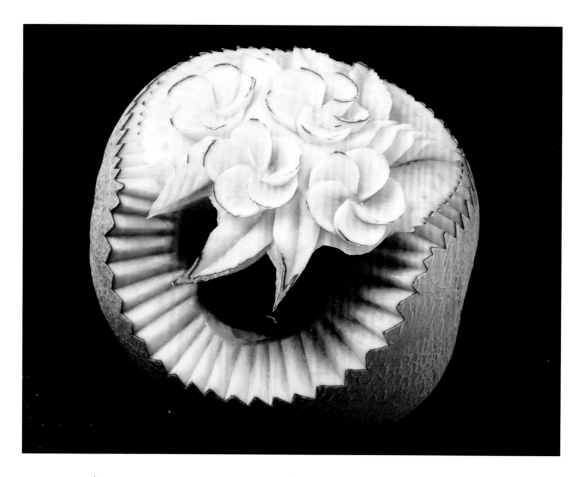

甜瓜鸡蛋花篮子

材料：甜瓜

使用木工刀制作出立体花朵。削薄花瓣的同时控制雕刻物的整体形状，确实很困难，但若能掌握这样的技术，就可以随心雕刻自己喜欢的装饰物，届时请务必尝试。

1 用木工刀在甜瓜背侧划出直径1cm、深1cm的圆。

2 挖出果肉，做成中心最深的研钵状小孔。这里使用的是红心甜瓜，挖好的孔内能够隐隐看到橙色。

3　在圆形的周围划出五角星，然后按这个印记的位置雕刻花瓣。

6　用刀在外侧弧线内1mm处沿线描划。

4　在五角星的两个角中间向外缓缓划出一条弧线。让刀身和甜瓜呈90°角，划出第一条弧线，这样更容易进行后面的步骤。

7　在旁边的星星角之间划出同样的弧线。

5　在旁边的星星角之间划出同样的曲线，弧形的终点与步骤4中的弧线终点相交，然后剔除这部分果肉。进行这一步骤时，稍稍斜着下刀。

8　按照步骤5的方法，划出弧线并剔除这部分果肉。

9 用同样的方法在步骤8的弧线内1mm内侧描划，然后在旁边的星星角之间划出弧线，再挖出果肉。如此重复雕刻一周，制作花瓣。

12 在花朵外侧7~8mm处用刀划出圆形，然后挖出多余的部分。

10 斜着用刀剔除最后一条弧线处的果肉。

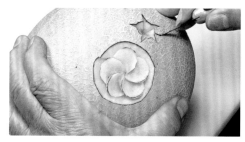

13 在距离花朵3~4cm的位置，用同样的方法制作第2朵花。

11 在花朵外侧1mm处划出轮廓。

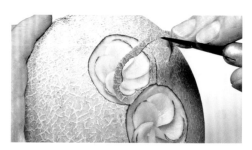

14 用刀划出花朵的轮廓，然后在周围划出圆形，再挖出多余的部分。

15 控制好整体的布局，雕刻3~5朵花。

18 朝着V字的顶点划去，切掉多余的部分。

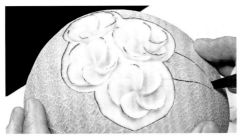

16 制作花蕾。在雕刻好的花朵边缘划出V字形曲线。雕刻时刀与甜瓜呈直角，且划痕不能过浅。

19 另一侧用相同方法雕刻。

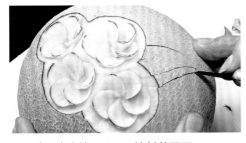

17 在V字旁边7~8mm处斜着下刀。

20 用刀斜着将切口削成花蕾一样的形状。

21　在表皮外侧1~2mm处用刀描绘花蕾的轮廓。

22　用刀在表皮部分轻轻划横线。

23　切至边缘，去除多余的部分。

24　用同样的方法继续划横线，做出花蕾的造型。

25　削去花蕾部分的表皮，做出大致形状后，继续制作2~3个花蕾，同时注意整体的布局。

26　制作叶子。在花的边缘划一条竖线，在这条线旁边1cm处，用小刀横着朝这条线划出锯齿形的细线。

27 将竖线和锯齿线中间的部分剔除。

30 在锯齿线外侧7~8mm处斜着下刀，描
出轮廓，然后将叶子周围多余部分剔除。

28 另一侧同样划出锯齿线，并将多余的部
分剔除。

31 继续制作2~3片叶子，同时要注意整体
的布局。

29 在锯齿线内侧1mm处描出轮廓。

32 完成花朵、花蕾和叶子后，周围削去一
部分，调整形状。

33 为了增加立体效果，要将周围的部分挖
得深些。露出果肉的红色以体现层次。

36 用挖球器挖出果肉。

34 周围部分完成后，去除果瓤。用刀从边
缘部分划出较深的半圆。

37 挖出的果肉可以放进混合水果饮料的容
器中，搭配冰淇淋享用。

35 用刀描出刚刚加工好的部分的轮廓，然
后去除多余的部分。

38 切口处完成后，在没有挖空的部分斜着
用刀刻上半圈锯齿状花纹。

39 在外侧1mm处刻上同样的锯齿状花纹。

42 用刀在挖空的一侧切口刻上V字，做成山形。

40 在下方1cm处下刀，划半圈。

43 用木雕刀背面或竹扦等，在蕾丝边上轻轻刺上小孔。

41 去除多余部分，切口处呈蕾丝状。

44 在没有挖空的一侧划出V字，做成山形。

祝贺文字

材料：西瓜

常在活动中出现的文字雕刻，就像是临摹印刷文字一样简单。除了文字以外，也可以用同样的方法制作肖像画，还可以尝试创作属于自己的作品。

1 将印刷有文字的纸剪下，用胶布贴在食材表面。不要只贴一个角，在整张纸上贴满胶布，在雕刻时，一面雕一面慢慢撕下。

2 用木工刀描出文字的轮廓。朝外侧斜着下刀。

3 先从细小的部分开始雕刻。如果从较大的部分开始雕刻，细小部分的胶带会很难撕掉。

4　雕刻完成后将剩余的纸张撕掉。

8　在文字周围划出圆形。

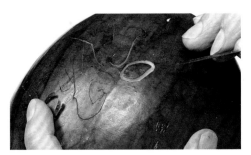

5　用刀在文字外侧1cm处描绘边缘。朝着临摹纸张时的方向反向下刀，让切口呈V字形，这样做出的文字更加鲜明。

9　在文字周围雕刻玫瑰。划出直径2cm左右的半圆形球体，然后在中心划出数道痕迹。

6　用刀削去外侧1cm处的果皮。如果刻痕过深，会露出红色的果肉，雕刻时应注意。

10　在半圆形球体周围雕刻花瓣，雕刻时露出一些红色的果肉，更显艳丽。

7　处理细小的部分时需格外小心。

11　在其他位置雕刻数朵玫瑰，同时注意整体的布局。

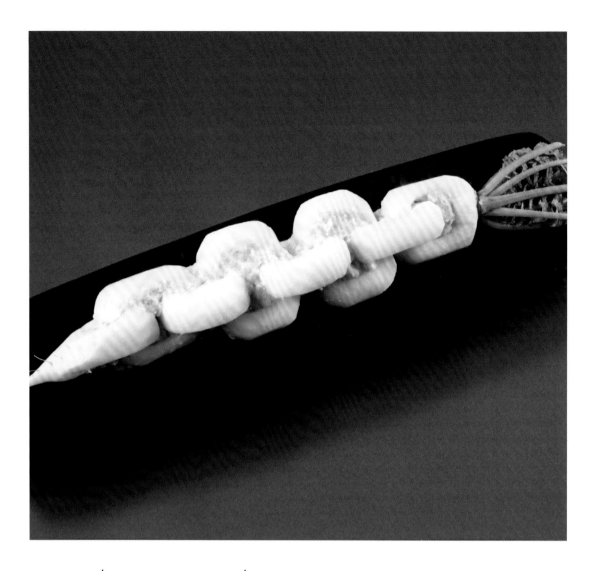

|白萝卜锁链|

材料：白萝卜

用一整根白萝卜制作的、没有切口的锁链形雕刻物。孔洞处用肉末山芋填满，尽显魅力。制作过程十分简单，但要做出均匀的链条有一定难度，考验雕刻者对食材整体的把控。

1　用菜刀竖着刮掉白萝卜的皮，做成精美的长方体。要点是让4个面的宽度几乎相等。切掉前端很细的部分。

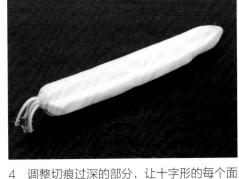

4　调整切痕过深的部分，让十字形的每个面宽度相等。当所有切痕的深度控制在萝卜粗细的1/3时，每个面的宽度基本相等。

2　在白萝卜一面上划两条竖线，将其分为三等份。深度控制在整体粗细的1/3左右。切得太深会无法继续雕刻，所以可以先划出浅痕，然后慢慢调整深度。

5　用木工刀将白萝卜头部多余的部分切除，留下蒂。

3　用同样的方法在4个面上都划出痕迹，然后去除多余的部分，这时白萝卜的横截面呈十字形。

6　用尺子测量突出的部分，用木工刀从头部开始5cm处划出记号，然后再向前1cm，划出记号。

7 如此反复，将整根白萝卜都划上记号。反面同理。然后在左右两侧从根部开始2.5cm处划记号，接着按照5cm、1cm的间隔做记号。

8 用木工刀在做了记号的地方划出1cm宽的V字。

9 整根白萝卜都划上V字后，如图所示。

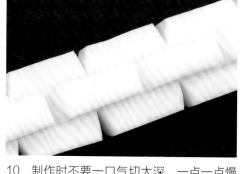

10 制作时不要一口气切太深，一点一点慢慢进行，这样做出的成品才更加均匀。

11 将两个V字间的部分一点点削成半圆形。

12 将所有的半圆都削切成均匀的锁链形。

13　不要只在一侧进行削切，分别从两侧慢慢进行削切，会让成品更加美观。

15　贯穿孔洞，让所有的环都能够独立活动。

14　控制整体形状，同时对半圆和V字进行削切，保持锁链形状均匀。

白萝卜菊花

材料：白萝卜

用切成圆片的白萝卜制作的菊花。与前边的菊花相比花瓣更长，展现将要盛开的样子。一次制作两朵，一朵用食用色素染红，这样的配色很适合敬老日。

1　将白萝卜切成7~8cm厚的圆柱形。

2　做成圆锥形。底面直径约为上底面的2倍，制作时控制好角度。

3　用6mm的圆刀从侧面下刀，向上雕出花瓣，尽量从边缘处下刀，让花瓣有透明感。

4　圆刀推至萝卜块高度的2/3处。

5　用同样的方法，在第一片花瓣旁边制作第二片花瓣，制作时要注意直着向上推。

6　用同样的方法制作出一周的花瓣。不要移动雕刻刀的位置，边转动萝卜边雕刻。花瓣间可以重叠。

7　换用木工刀，从下部边缘内侧5mm处下刀。从花瓣下方，斜着向上切入。

8　保持刀的角度，将萝卜转动一周，然后去除多余的部分。

9　边用手指按住中心，边将切下的部分
去除。

10　按照步骤3的方法，用6mm的圆刀制作
第2层花瓣。制作时要注意，与第1层花
瓣错开。拿着萝卜的手稍稍向自己倾斜。

11　按照步骤7的方法，用木工刀切除多余
的部分。

12　用同样的方法制作第3层和第4层的花
瓣。每增加1层，都要让萝卜的角度更
加倾斜。

13　换用4.5mm的圆刀，在中心刺一周，制
作花瓣。

14　用木工刀剔除花瓣内侧多余的部分。

15　换用3mm的圆刀，在中心刺一周，制
作细小的花瓣。中心部位没有多余空间
时，可以停止。

16　放入加满水的钵中，将花瓣轻轻朝外侧拨
开。可在水中溶入食用色素，进行着色，
浸泡一段时间，让颜色变得更加鲜艳。

附录1 食材切雕作品集

手工制作的雕刻物

使用雕刻刀和木工刀，经过精心制作而成的雕刻物，精巧且具有立体感。自由度极高，不同尺寸的食材都可以成为料理的主角。仔细观察想要制作的物品，画出草图加深印象，然后再进行雕刻。

牵牛花
（心里美萝卜）

大丽花
（胡萝卜、南瓜）

鸢尾花
（萝卜、黄瓜）

玉米
（胡萝卜）

笔头菜
（新牛蒡）

八仙花
（心里美萝卜）

鲤鱼旗
（沙拉胡萝卜、胡萝卜、茎类蔬菜）

牵牛花
（甘薯）

斗
（白萝卜）

八仙花
（南瓜、胡萝卜、萝卜）

井栏
（白萝卜）

花纹容器
（南瓜）

圣诞树
（冬瓜、辣椒）

福铃
（胡萝卜）

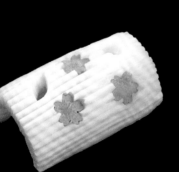

拱桥
（白萝卜、胡萝卜）

鬼面
（心里美萝卜）

模型加工的雕刻物

最近，市场上开始出售各种具有季节特色的食材雕刻模型。使用这种模型，能够轻松制作出小型的食材装饰物。有的只需要削皮，或是用小刀刻出纹路，或剥皮后进行简单的加工，就能制作出精美的装饰。制作时的厚度需根据使用途径进行调节，如用作八方煮的食材厚度约为1.5cm，用在醋拌凉菜中的食材厚度约为3mm等。

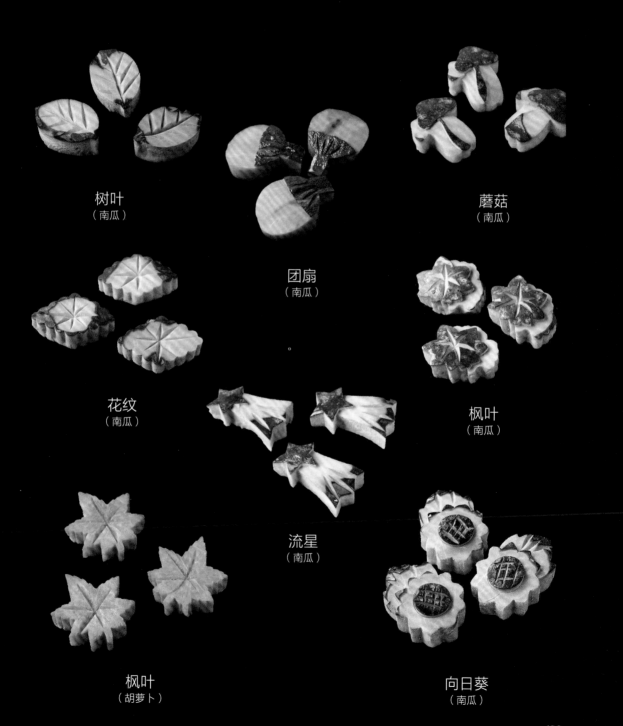

树叶
（南瓜）

团扇
（南瓜）

蘑菇
（南瓜）

花纹
（南瓜）

枫叶
（南瓜）

流星
（南瓜）

枫叶
（胡萝卜）

向日葵
（南瓜）

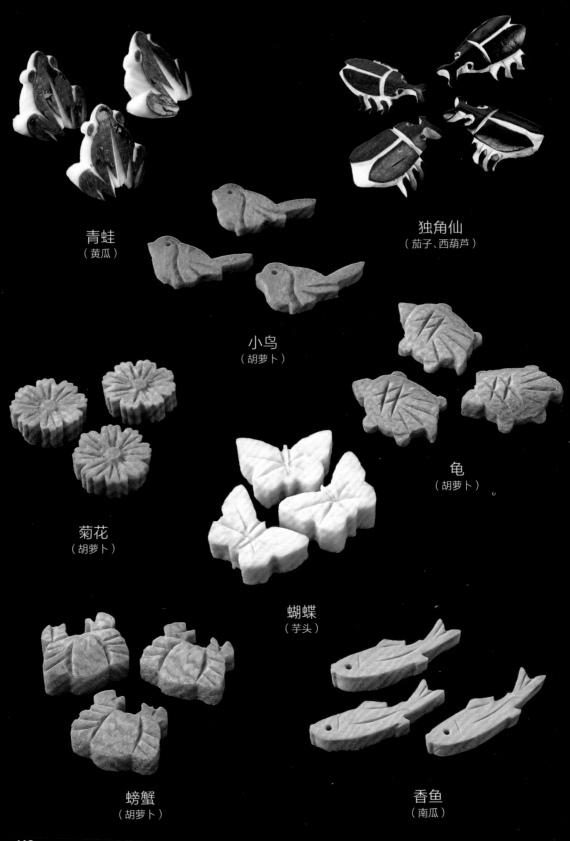

青蛙
（黄瓜）

独角仙
（茄子、西葫芦）

小鸟
（胡萝卜）

菊花
（胡萝卜）

龟
（胡萝卜）

蝴蝶
（芋头）

螃蟹
（胡萝卜）

香鱼
（南瓜）

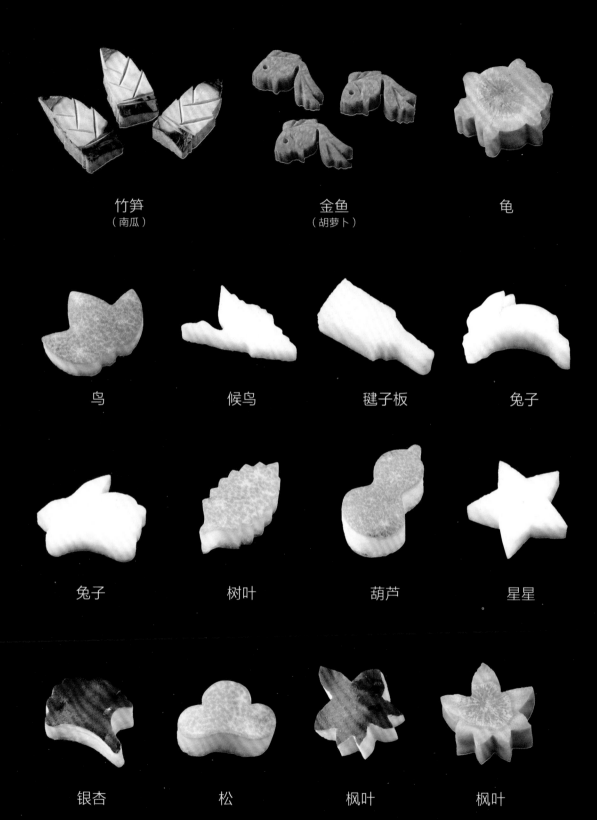

竹笋
（南瓜）

金鱼
（胡萝卜）

龟

鸟

候鸟

毽子板

兔子

兔子

树叶

葫芦

星星

银杏

松

枫叶

枫叶

附录2　肥皂雕刻作品集

肥皂的硬度与蔬菜和水果相似，很适合用来练习食材雕刻。而且，肥皂放置很长时间也不会变形，所以常用于室内装饰。在此展示一些在外观工艺方面费尽心思的肥皂工艺装饰。

| 树

| 灌木雕塑

| 圣诞装饰

| 笔头菜

| 水仙

| 花篮

143

| 郁金香

| 兰花

146

| 蛋糕拼盘

| 蜡烛

147

| 玫瑰

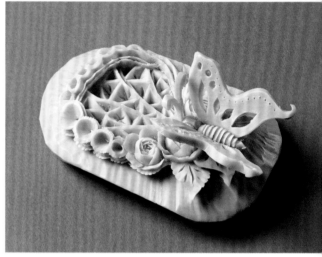

| 凤蝶

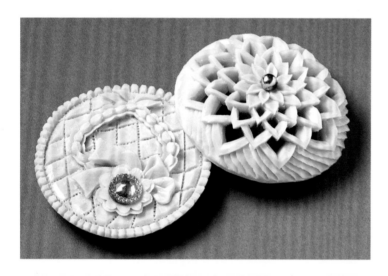

| 宝石盒子

| 香水瓶

| 狗

| 兽头瓦

女儿节人偶

挂饰

| 金鱼

| 凤凰

 玫瑰

| 展望未来

151

图书在版编目（CIP）数据

食材切雕创意料理 /（日）森胁公代著；（日）大田忠
道监修；梁京译. — 北京：中国轻工业出版社，2021.1
　ISBN 978-7-5184-2860-1

　Ⅰ.①食… Ⅱ.①森… ②大… ③梁… Ⅲ.①蔬菜 – 装
饰雕塑 – 教材 ②水果 – 装饰雕塑 – 教材 Ⅳ.① TS972.114

中国版本图书馆 CIP 数据核字（2019）第 289792 号

策划编辑：高惠京　　责任终审：张乃东　　整体设计：锋尚设计
责任编辑：杨　迪　　责任校对：晋　洁　　责任监印：张京华

出版发行：中国轻工业出版社（北京东长安街6号，邮编：100740）
印　　刷：艺堂印刷（天津）有限公司
经　　销：各地新华书店
版　　次：2021年1月第1版第1次印刷
开　　本：710×1000　1/16　印张：9.5
字　　数：200 千字
书　　号：ISBN 978-7-5184-2860-1　定价：68.00元
邮购电话：010-65241695
发行电话：010-85119835　传真：85113293
网　　址：http://www.chlip.com.cn
Email：club@chlip.com.cn
如发现图书残缺请与我社邮购联系调换
191154S1X101ZYW